自 然 文 库
Nature
Series

Bird Sense
What It's Like to Be a Bird

鸟的感官

〔英〕蒂姆·伯克黑德 著

〔英〕卡特里娜·范·赫劳 插图

沈成 译

商务印书馆
The Commercial Press

献给空中的精灵

目 录

前　言

　　大多数新西兰人形容他们那儿的鸟类状况是"完蛋了"，确实如此。在我到过的地方中，很少有像新西兰那样，无论是在空中还是在地面上都很难见到鸟。只有少数的种类——其中有一些是不能飞和夜间活动的——经受住了欧洲引入的捕食动物的蹂躏。这些幸存的鸟儿所剩无几，而且主要生活在附近的岛屿上。

　　我们到达这偏僻的码头时，太阳已快落下。发动机在微弱的"突突"声中很快将小船带离主岛。没几分钟，我们就开到海上，进入一片火烧般金色的落日余晖之中。新西兰南岛和小岛之间的过渡很神奇：20分钟后，我们走下船，登上一片宽阔连绵的海滩，海滩上耸立着伟岸高大的铁心木。

　　急于看到几维鸟的我们在吃完东西后立即出发。没有月亮的夜空缀满星辰——南天的银河比在北半球看到的更加壮观。我们沿着通向海滨的小路行进，海突然呈现在我们面前：磷光！拍打着海滩的碎浪在发光。"去游泳吧。"伊莎贝尔说道。在迷人的生物光中，我们跳来跳去，好像人形烟花。当时的场景是那么迷人，一场变幻莫测的视觉盛典，如极光般惊艳。

10分钟后，我们晾干自己，进入附近的林地中继续寻找几维鸟。伊莎贝尔用她的红外线摄像机在前面搜索，在那里，一个半球形的黑影弓着背站在树丛中：我们的第一只几维鸟。那只鸟肉眼并不可见，但在摄像机的屏幕上，它是黑色的一团，并拥有一根特别长的白色的喙。它没有发现我们，继续慢慢地向前走，寻找食物，好像一台机器：这里碰一碰，那里再碰一碰。在这个漫长夏季的末尾，地面已经太硬了，难以插进去搜寻食物。偶然地，地面上出现几只蟋蟀，当它们试图蹦蹦跳跳跑掉时，几维鸟迅速地吃掉了它们。突然，这只鸟发现了我们，它匆忙地躲入灌丛中，消失在我们的视线之外。在我们走回房子的路上，黑暗中回响着雄性几维鸟那尖锐的"几——维——、几——维——"的叫声。

在这个几维鸟的庇护所，伊莎贝尔·卡斯特罗已经对这些鸟做了10年的研究。她是为数不多的几个尝试了解这种鸟儿独特的感觉世界的生物学家之一。这个岛上大约有30只几维鸟被戴上了无线电发射器，伊莎贝尔和她的学生们以此来追踪这些鸟在夜间的活动并定位它们在白天的栖息地。为了更换那些过了一年快耗尽电量的发射器，我们加入一年一度的几维鸟捕捉工作。

在晨曦中，我们跟随着无线电发射器信号的"哔哔"声穿过一片鱼柳梅和银蕨混合的树林，来到一片小沼泽。伊莎贝尔静静地示意，她认为我们追踪的鸟就在这一丛茂密的芦苇之中，她打手势问我愿不愿意去抓那只鸟。我跪下来，看到芦苇丛中有个小开口，我把脸贴到泥水上，

鸟的感官

透过那个开口向里张望。顺着头灯的光，我勉强能辨认出那里有一个驼背的棕色影子把脸转开了。我担心那只鸟已经发现我了，但几维鸟以白天睡得很沉而闻名。我判断了一下距离，在潮湿的地上让自己保持稳定，然后向前快速伸出手臂，抓住了那只鸟粗壮的腿。我松了口气，如果在这些研究生面前失手真的很丢脸。这只鸟很重：褐几维大概 2 公斤重，是（目前）已知五种几维鸟中最大的一种。

当把这只鸟放在膝上时，你才会发现它有多么奇特。刘易斯·卡罗尔[i]应该会喜欢几维鸟——它是一个动物学上的矛盾体：比起一般鸟来说更像哺乳动物，有茂密毛发状的羽毛，一丛细长的胡子[ii]和一个长而敏锐的鼻子。我在它的羽毛中摸索寻找它那一点点大的翅膀的时候，能感觉到它的心跳。它的翅膀是那么古怪：每一个翅膀都像一根单侧长着一些羽毛的扁平的手指，末端有一个奇怪的弯钩。（它的用途是什么？）最特别的是几维鸟那小小的、几乎发挥不了作用的眼睛。如果前一天晚上有一只几维鸟在海滩上，我们在水中舞动营造出的生物光的视觉盛宴对它来说也是毫无意义的。

做一只几维鸟是什么感觉？在几乎完全黑暗的灌丛中迈着沉重的步子，基本上没有视觉，但有着远超我们人类的嗅觉和触觉，这会是什么感觉？理查德·欧文，这位自恋自大的解剖大师，大约在 1830 年解剖过一只几维鸟，他发现几维鸟有微小的眼睛和大脑中巨大的嗅觉区域。

---

i —— 译者注：原名查尔斯·勒特威奇·道奇森（Charles Lutwidge Dodgson），英国作家、数学家，《爱丽丝漫游仙境》和《爱丽丝镜中奇遇记》的作者，刘易斯·卡罗尔（Lewis Carroll）是其笔名。

ii —— 译者注：本质是口须，一种特化的羽毛。

虽然对这种鸟的行为所知甚少，但他指出，几维鸟更加依赖嗅觉而非视觉。一百多年后，行为学实验显示几维鸟可以毫发不爽地定位地面下的猎物，完美地证实了欧文的预测。几维鸟竟能够嗅到土壤下面15厘米深的蚯蚓！有着如此敏锐的嗅觉，一只几维鸟在碰到另一只几维鸟的粪便时，感觉是怎样的呢？至少对我来说，它们的粪便就像狐狸的一样刺鼻。这样的气味能够让它们脑中浮现出粪便主人的模样吗？

哲学家托马斯·内格尔在他1974年的著名文章《做一只蝙蝠是什么感觉？》中认为，我们永远都无法知道其他生物的感觉是怎样的。感觉和意识是主观的体验，无法分享或者由其他人想象。内格尔选用蝙蝠做例子，因为它作为哺乳动物，有很多和我们人类共有的感官，但同时也拥有一种我们不具备的感官——回声定位，这使得我们无法了解它们的感觉世界。[1]

某种意义上，内格尔是对的：我们无法**确切地**知道一只蝙蝠或一只鸟的感受。如他所说，即使我们想象它的感觉，也不过是想象而已。狡猾而迂腐，这就是哲学家。生物学家则采取更务实的态度，也就是我下面要做的。用技术扩展我们的感官，加上一系列富有想象力的行为学实验，生物学家已经在对其他生物的感觉世界的探索方面有了非常显著的成绩。这一探索早在17世纪罗伯特·胡克第一次在伦敦的皇家学会展示他的显微镜时就开始了。当我们透过显微镜观看时，即使是最平常的事物——比如鸟的羽毛——也会变得无比奇妙。在20世纪40年代，第一张鸟类鸣唱声的声谱图（描绘声音的图像）所展示的细节让生物学家惊叹不已，而2007年生物学家使用功能磁共振成像（fMRI, functional Magnetic Resonace Imaging）扫描技术直接看到的一只鸟听到同类鸣唱大脑中产生的反应，则更是让他们啧啧称奇。[2]

我们确实比其他哺乳类动物（除了灵长类和我们的宠物狗）更加像鸟类，因为绝大多数鸟类——尽管不包括几维鸟——主要依赖两种感官，视觉和听觉，这和我们是一样的。此外，鸟两条腿走路，而且大部分是日行性的，一些鸟，比如鸮（猫头鹰）和海雀，拥有像人一样的脸，或至少是与我们类似的脸。然而，这种相似性让我们忽视了鸟类其他方面的感官。直到不久之前，我们还觉得鸟类（依然不包括几维鸟这个古怪的例外）没有嗅觉、味觉和触觉。我们后面会讲到，没有什么比这更荒谬的了。另外一个阻碍我们对鸟类的感觉世界获得认知的因素是：要了解鸟类的感觉，我们没有其他选择，只能将它们的感官与我们的感官进行比较，而这种比较限制了我们理解其他物种的能力。我们无法像鸟类那样看见紫外光，无法利用回声定位，也无法感受到地球的磁场，所以想象拥有这些感官的情形是一项挑战。

因为鸟类之间差异巨大，所以"做一只鸟是什么感觉？"这样的问题太过空洞了，更好的问题应当是：

● 作为一只雨燕，"有着悠长而尖利的鸣叫……"[3] 是什么感觉？
● 作为一只帝企鹅，潜入大西洋 400 米深的漆黑之中是什么感觉？
● 作为一只火烈鸟，感受到视线范围外数百公里之遥的、可产生对繁殖至关重要的暂时性湿地的一场雨，是什么感觉？
● 作为中美洲雨林中的一只雄性红顶娇鹟，在一只兴味索然的雌鸟面前像神经质的发条玩具一般跳舞炫耀，是什么感觉？
● 像一对林岩鹨一样，每次交配仅仅 1/10 秒，但一天交配超过 100 次，是什么感觉？这会让它们精疲力竭，还是给它们带来巨大的快乐？

●对于一群白翅澳鸦来说，聚精会神、在短时间内留心提防雕这样的捕食者，或是长期地留心注意有没有机会继承种群中繁殖者的衣钵，是什么感觉？

●像很多小型鸣禽那样，突然感受到不断进食的欲望，在一两周内变得非常肥胖，然后被某种看不见的力量驱使，不眠不休地朝着一个方向飞行数千公里，如此一年两次，是什么感觉？

　　我会援引最新的研究成果来回答这类问题，同时试图追溯我们进行研究的历史。长久以来，我们知道我们拥有五种感觉：视觉、触觉、听觉、味觉和嗅觉；但实际上，我们还有包括冷、热、重力、疼痛和加速度在内的其他感觉。更重要的是，五种感觉中的每一种实际上都是各种不同的亚感觉的混合。以视觉为例，它包括了对亮度、颜色、质地和运动的鉴别能力。

　　我们的先辈对感官的了解始于感觉器官本身，也就是负责收集感觉信号的结构。眼睛和耳朵很明显，但其他感官，比如负责鸟类的磁感的感官，依然还是个谜。

　　早期的生物学家认识到，某一特定感觉器官的相对尺寸是其敏锐度和重要性的重要参考依据。17 世纪的解剖学家发现了感觉器官和大脑的联系，并随后认识到感觉信号在大脑的不同区域中处理。人们顺理成章地认识到大脑区域的尺寸也许同样反映了相应感觉的能力。现在，借助扫描成像技术加上优秀的传统解剖学，我们已经能够对人类和鸟类的大脑建立三维模型，并可以非常精确地对不同区域的尺寸做测量。这些技术已经表明，正如理查德·欧文所预测的，几维鸟大脑中的视觉区域（或者称为"视觉中心"）几乎不存在，而其嗅觉中心甚至比欧文估计的还要大。[4]

18世纪人们发现电现象之后不久，像路易吉·伽伐尼这样的生理学家很快认识到他们可以测量"生物电"的量，也就是测量感觉器官和大脑之间的神经活动。随着电生理学的发展，这一领域也成为理解动物感觉能力的另一个关键。近年来，神经生物学家已经使用多种不同的扫描仪器来测量大脑不同区域的活动以了解感觉能力。

感觉系统控制着行为：它促使我们去进食，去搏斗，享受性，照顾我们的后代，等等。没有它我们自身就无法运作。任何一种感官的缺失都会使生活黯然失色，困难重重。我们尽力去满足我们的感官：我们热爱音乐和艺术，我们甘于冒险，我们落入爱河，我们品味新割草坪的馨香，我们享受美味，我们也渴望爱人的轻抚。我们的行为由感觉控制，因此会很自然地以最简单的方式去推断动物在生活中所使用的感官。

对感官的研究，尤其对鸟类感官的研究历史曲折。尽管几个世纪以来累积了大量相关的描述性信息，但鸟类的感官生物学从来没有成为热门话题。20世纪70年代我还是一名动物学专业的本科生时，没有选修感官生物学，一方面是因为该课程由生理学家而不是行为学家任教，另一方面因为当时学界在神经系统和行为的联系已经有所了解的动物，都是像海蛞蝓那样令我毫无兴趣的动物，而不是我喜欢的鸟类。

我写这本书的部分动机是为了弥补逝去的时光。更令我鼓舞的是我那些动物行为学同事——而不是生理学家——态度的改变。在最近的几十年中，他们已经对鸟类和其他动物的感觉系统做了卓有成效的探索。在写这本书的过程中，我联系了几位退休的感官生物学家，我惊讶地发现他们都有一个相似的故事：**当我在做这项研究的时候，没有人感兴趣，要不就是他们不相信我们的发现。**一位研究者告诉我，他的整个职业生涯都致力于研究鸟类的感官生物学，但除了有一次他被邀请撰写一本鸟类生物学百科全书中的一章之外，从没受过关注。退休之后，他烧掉了他所有的论文——随后我便向他请教他的研究，这使得他内心百感交集。

另一位研究者告诉我，他一度计划撰写一本关于鸟类感官生物学的教科书，但因为没有出版商感兴趣而作罢。我无法想象，在几乎没有人感兴趣的研究领域奉献自己的一生是什么滋味。然而时代不同了，我很乐观地认为，鸟类的感官生物学很快会迎来它的春天。

是什么改变了呢？在我看来，动物行为学的领域已经发生剧变。我首先把自己当作一名行为生态学家，其次才是一名鸟类学家——一名研究鸟类的行为生态学家。行为生态学是动物行为学的一个分支，出现在 20 世纪 70 年代，主要研究行为的适应性意义。探索某一特定行为如何增加一个个体将自身基因传递给下一代的概率是行为生态学的核心方法。举例来说，为什么牛文鸟——非洲一种椋鸟大小的鸟——每次交配 30 分钟，而其他鸟交配只需要几秒钟呢？为什么雄性的冠伞鸟会成群地炫耀展示自己，而不参与抚养它们的后代呢？

行为生态学已经非常成功地研究清楚了许多曾经困惑了几代人的生物行为背后的意义。但它同时也是一个陷阱，就像所有的学科一样，它的边界限制了研究者的视野。随着这一学科的成熟，在 20 世纪 90 年代，许多行为生物学家开始认识到，就其本身而言，仅确定行为的适应性意义是不够的。回溯到 40 年代，当动物行为学研究刚刚起步时，其创始人之一尼可·廷伯根[i]指出行为学应当从 4 个方面进行研究：（1）适应性意义；（2）原因；（3）发育——随着动物的成长，其行为是如何发展的；（4）演化史。到了 20 世纪 90 年代，那些在过去 20 年中将研究全部集中在行为的适应性意义上的行为生物学家们开始认识到，他们需要了解行为的更多其他的方面，特别是导致行为的原因。[5]

为什么呢? 斑胸草雀是行为生态学家们常用的一个研究物种，尤其是在对于配偶选择的研究中。斑胸草雀的雌鸟拥有橙色的喙，而雄鸟的喙是红色的，对这一性别差异的解释是，雄鸟演化出更鲜艳的喙是因为雌鸟偏好更红的喙。有些（并非全部）行为学实验证实了这一解释，然而研究者们假定了因为我们人类能够把斑胸草雀喙的颜色从橙红色到血红色分级，斑胸草雀雌鸟也同样可以。他们从来没有从斑胸草雀实际上能看到什么这个角度来对这一假设进行实验，就普遍地假设喙的颜色对于雌鸟来说是一个重要的选择因素。[6]

另外一个被认为是雌鸟选择伴侣的参考标准的是体羽上斑纹的对称性，比如紫翅椋鸟雄鸟喉部和胸部的灰白色斑点。通过细致的实验，测试紫翅椋鸟雌鸟对不同级别的体羽对称性的区分能力（使用图像，而不是活鸟），结果表明，虽然它们能够辨别出斑点高度不对称的雄鸟，但辨别较小差异的能力并不强。实际上，对于一只雌椋鸟来说，大部分的雄鸟在这方面看起来都差不多，这表明它们不怎么用体羽的对称性

---

i —— 译者注：Niko Tinbergen，1973 年与康拉德·洛伦兹、卡尔·冯·弗里施共同获得诺贝尔生理学或医学奖。

作为选择雄性的标准。[7]

行为生态学家也同样假设了鸟类性二型——即雄性和雌性外观差异——的程度可能与它们是单配制或多配制有关。为了验证这一点，他们根据雄鸟和雌鸟羽毛的鲜艳程度做了评分——基于人类的视觉。我们现在知道这太天真了，因为鸟类的视觉系统和我们的不同，能够看到紫外光。在紫外光下对同样的那些鸟再次评分，结果表明，很多之前被认为缺乏性二型的种类——包括蓝山雀和几种鹦鹉——实际上对雌鸟而言看起来区别相当大，这是因为雌鸟能够用紫外光视觉看到这些差异。[8]

如这些例子表明，鸟类所有感官中，视觉——特别是色视觉——是近期有热门产出的领域，主要因为这是研究者们努力的重点。[9]现在研究者们认识到，去了解鸟类生活在怎样的世界中对了解它们的行为是非常重要的。我们对此只是刚刚开始留意，举例来说，除了几维鸟之外还有许多鸟拥有精妙的嗅觉，许多鸟拥有能够指导它们迁徙的磁感，以及，最迷人的是，像我们一样，鸟类拥有某种情感[i]生活。

我们关于鸟类感官的知识是经过数个世纪逐步获得的。正如艾萨克·牛顿所说"站在巨人的肩膀上"，这些知识的积累建立在前人的发

---

i —— 译者注：原文 emotion（emotional），依语境不同译为情绪或情感。在此提醒读者，此两种译法指代的是同一层面的事物。

鸟的感官

现之上。研究者们吸收他人的想法和发现，他们相互合作、相互竞争，因此越多人研究某一个课题，它的进步就越快。当然，这一进步会被智识上的巨人加速：想想达尔文之于生物学，爱因斯坦之于物理学，以及牛顿之于数学。然而科学家们依旧是人，也会受到人类弱点的影响，进步之路并非一帆风顺。我们会看到，钻牛角尖也是常有的事。研究之路上处处有死胡同，科学家们经常不得不判断是要坚持他们的信念，还是放弃转而去尝试不同的探索路线。

科学有时候被描述成寻找真相的过程。这听起来颇为自负，但这里"真相"的意义相当直接：它只不过是基于现有的科学证据和我们当下相信的东西。当科学家们重新检验某人的观点，并且发现证据符合其最初的观念，这一观点就被保留。但如果其他的研究者无法重复获得原先的结果，或者他们发现对事实有更好的解释，科学家们就可以改变他们关于真相的观点。根据新的观点或更好的证据改变想法，构成了科学的发展。一个更好的说法是"当前的真理"——基于目前的证据，我们相信为正确的事物。

为了说明我们的知识是如何取得进展的，眼睛的演化是一个很好的例子。在 17 世纪、18 世纪和 19 世纪的大部分时间里，人们相信是神无穷的智慧创造了各种形式的生命，并赋予其眼睛去看：比如鸮类拥有特别大的眼睛，因为它们需要在黑暗中视物。这种认为某种动物的特质与其生活方式完美符合的思想被称为"自然神学"。但是有些地方看起来就不像是神的智慧，比如，只需要一个精子就可以受精，那雄性为什么要产生那么多精子？智慧的神会这么浪费？1895 年，查尔斯·达尔文在《物种起源》中提出了自然选择的观点，就自然世界的各个方面提供了一个比神的智慧好得多的解释。随着证据的积累，科学家们放弃了自然神学，转而支持自然选择理论。

科学研究通常始于对某物**是什么**的观察和描述。眼睛再次提供了一个很好的例子。自古希腊开始，解剖学先驱们摘取羊和鸡的眼球，切开来看它们的构成，并且对他们所见做了细致的描述——有时候是他们想象自己看到的。一旦完成了描述的阶段，科学家们便开始问其他的问题，比如"它是怎样运作的"以及"它的功能是什么"。某些生物学家常常也是解剖专家，能够提供细致的描述，然而，理解像眼睛这样的事物实际上是如何运作的，通常需要各种不同领域的技能。随着我们知识的增长，研究者们在他们的知识领域内变得越来越专业化，他们通常需要与拥有其他技能的人合作以弥补自身不足。举例来说，今天要了解眼睛是如何工作的，需要数个不同领域，包括解剖学、神经生物学、分子生物学、物理学和数学的专业知识。正是这种跨学科的方式——拥有不同专业知识的研究者们之间的互动——最终使得科学令人兴奋而同时获得成功。

观点在科学中占有特别重要的位置。就"某事物为什么是这样的"而言，拥有一个观点是非常重要的，因为它能够为提出问题——**正确的**问题——提供框架。举例来说，为什么鸮类的眼睛朝向前方，而鸭子的眼睛朝向两侧？对于鸮类的眼睛朝向前方的一个观点是，鸮类像我们一样，依赖双眼视力来获得景深知觉。但也有其他的观点，后面会提到，其中一些想法甚至得到更多证据的支持。

观点的另一个重要性是，如果一个观点导致了一项发现，它将给科学家带来声誉。科学是做第一人的事业，并且会将某（些）人与某项发现关联在一起。詹姆斯·沃森和弗朗西斯·克里克于 1953 年对 DNA（脱氧核糖核酸）结构的发现就是如此。

你也许会问，科学家是从哪里获得他们的观点的？一方面可以从他们现有的知识体系中获得，一方面是从他们与其他科学家合作的讨论中获得，但也有时是从偶然的观察或者非科学家所做的论述中获得的。我们会看到，非正式的论述对科学家在特定的鸟的感觉方面给了重要的提示。最有趣的例子之一是后面将会详细讲到的，16 世纪在非洲的葡萄牙传教士叙述，每当他点燃蜂蜡蜡烛，总有小鸟进到圣器安置所中来吃融化的蜡。

当科学家拥有某一想法，并且通过他或她能够设计的最严格的方法进行验证——通常是通过某种实验——他们接下来就会在一个科学会议上进行一次演讲来发布他们的成果。他们可以就此评估其他人对他们的成果的看法。下一步就是撰写成果，这样他们就可以在学术期刊上将其发表成一篇论文。学术期刊的编辑收到科学家的报告，将其发送给两到三位其他科学家（审稿人），让他们决定是否值得在该期刊上发表。反过来，审稿人的意见可能会提供给作者新的想法，以及重新分析他们结果并修改报告的机会。如果审稿人的意见认为稿件可以被接收，它就会在学术期刊的印刷和（或）在线版本上出版。到了这一步，流程仍未结束，一俟论文出版，所有科学家就能读到它，他们可以对其进行批评或者从其中获得灵感。

总的来说，自 17 世纪晚期第一本学术刊物出版以来，科学研究的这一流程已久经考验，并没有太多改变。在本书中，我们将会认识那些在鸟类感官方面不懈探索的人们，他们不同程度地付出了自己的汗水和灵感。通常他们的发现会发表在学术刊物上，为了节省空间，文章会相当简洁并包含很多专业术语。对同行而言，术语不是问题，但是对某一特定研究领域的外行人以及非专业人士来说，术语可能成为理解的主要障碍。而在本书中，我参考了许多关于鸟类感官的科学论文，并且用通俗的语言将这些文章中的发现转述出来。我尽可能避免使用术语，在完全无法避免的时候，我会尽量简明地对其进行解释。对于那些想进一步了解其含义的读者，在本书附录中提供了一份术语表。我希望我写的关于鸟类感官的内容通俗易懂，为此，我向那些研究感觉的同事提了很多非常基础的问题，受益良多。在这个过程中，我发现在很多原以为答案已经明晰的方面，实际上还有很多问题需要去探索。这是不可避免的，我们并非无所不知，然而，当我们发现一些看起来很简单的问题仍没有答案时，还是会有一点沮丧。另一方面，在我们的知识中还有这样的空缺也是令人兴奋的，对于对鸟类感官感兴趣的研究者来说，这肯定是新的机会。

《鸟的感官》是一本讲述鸟类如何感知世界的书。这本书是基于我这辈子对鸟类学的研究，以及一个信念——我们一直低估了鸟类大脑的运作——之上的。我们知之甚多但仍孜孜探索。这是一本关于过往探索和未来可能的故事。

我这一辈子都在研究鸟类。但这并不是说我没有做其他工作：作为大学里的一名学者，我也花了很多时间来教本科生（我很喜欢这项工作），以及相对少的时间用于行政工作（我并不喜欢）。我5岁起受我父亲的鼓励开始观鸟，并且很幸运能够将我对于鸟类的热爱转化成我的职业，成为一名科学家。这项职业将我带到世界各地去研究鸟类，从北极到热带。作为结果，并很大程度上依靠与我的研究生和同事们的合作，我对许多不同种类的鸟的生物学获得了特别深刻的理解。其中两种鸟深得我心：斑胸草雀和崖海鸦。我儿时饲养斑胸草雀和其他鸟的经验加上无数的观鸟时光，磨炼了我的观察技能，也给了我一种被我当作是理解鸟类运作方式的生物学的直觉的能力。很难去形容，但我相信我观鸟花费的时光有助于我成为一个有成效的研究者。当然，这些经历让我乐于研究斑胸草雀，迄今为止在上面已花费了25年时间。

我主要研究的另外一个物种是崖海鸦。这是我攻读博士的课题，在南威尔士西端附近的斯科莫岛上，我花了四个愉快的夏天来研究这一物种的繁殖行为和生态学。这几乎是40年前的事情了，从那以后，几乎每个夏天我都会回到斯科莫岛去看海鸦。我在海鸦上花了很多时间，在我写这本书时，我意识到也许我对于海鸦的观察和思考花费的时间多于任何其他物种。这在本书中也有反映，对于作为一只鸟是什么感觉，我从海鸦身上得到了许多深刻的见解。

也许并不是所有的鸟类学家对他们研究的物种都有这样的感觉，但我肯定如此。我认为——这似乎有拟人化的危险——这是因为海鸦与人类如此相似造成的：它们极度社会化，它们与邻居建立友谊，并且有时候会帮助邻居照顾孩子；它们实行单配制（虽然偶尔会出轨）；雄鸟和雌鸟结对合作繁殖可以长达20年。

研究鸟类这么久的另外一个好处是会认识很多其他的鸟类学家，有些是当面认识的，有些是通过邮件，而写这本书给我带来最大的回报大概是我的同行们分享他们来之不易的知识的极大热情。无论是询问问题，还是去寻求某一问题的解释，我所问的每一个人都无一例外地给出令我受益匪浅的答复。我非常感谢他们（如果我有所遗漏，请接受我的歉意）：伊丽莎白·阿德金斯－里根（Elizabeth Adkins–Regan）、凯特·艾希布鲁克（Kate Ashbrook）、克莱尔·贝克（Clare Baker）、格雷格·鲍尔（Greg Ball）、雅克·巴尔萨泽特（Jacques Balthazart）、赫尔曼·伯克胡特（Herman Berkhoudt）、米歇尔·卡巴纳克（Michel Cabanac）、约翰·科克雷姆（John Cockrem）、杰里米·科菲尔德（Jeremy Corfield）、亚当·克里斯福德（Adam Crisford）、苏西·坎宁安（Susie Cunningham）、英尼斯·卡西尔（Innes Cuthill）、玛丽安·道金斯（Marian Dawkins）、鲍勃·杜林（Bob Dooling）、乔恩·埃里克森（Jon Erichsen）、约翰·尤恩（John Ewen）、赛德奈克·哈拉塔（Zednek Halata）、彼得·赫德森（Peter Hudson）、亚力克斯·卡采尔尼克（Alex Kacelnik）、亚力克斯·克里凯里斯（Alex Krikelis）、斯蒂芬·莱特纳（Stefan Leitner）、杰夫·卢卡斯（Jeff Lucas）、海伦·麦克唐纳（Helen Macdonald）、迈克·门德尔（Mike Mendl）、莱因霍尔德·内克尔（Reinhold Necker）、加比·内维特（Gaby Nevitt）、（国际猛禽中心 IBPC 的）杰迈玛·派瑞－琼斯（Jemima Parry–Jones）、拉里·帕森斯（Larry Parsons）、汤姆·皮扎里（Tom Pizzari）、安迪·雷德福（Andy Radford）、乌利·雷耶尔（Uli Reyer）、克莱尔·斯伯蒂斯伍德（Claire Spottiswoode）、马丁·斯蒂文斯（Martin Stevens）、罗德·苏瑟斯（Rod Suthers）、埃里克·瓦莱特（Eric Vallet）、柏妮丝·温泽尔（Bernice Wenzel）以及马丁·怀尔德（Martin Wild）。我要特别感谢伊莎贝尔·卡斯特罗，她许诺我一次终生难忘的接触几维鸟的经历，终生难忘。要感谢杰夫·希尔（Geoff Hill）带我划独木舟进入佛罗里达

的沼泽寻找象牙喙啄木鸟；我们没有找到，但那次经历难以忘怀。特别感谢帕特里夏·布莱克（Patricia Brekke），她劝说我前往新西兰的蒂里蒂里马唐伊岛（Tiritiri Matangi Island）去看她研究的缝叶吸蜜鸟；感谢克莱尔·斯伯蒂斯伍德向我介绍赞比亚的响蜜䴕和鹪莺的奇妙；感谢罗恩·穆尔豪斯（Ron Moorehouse）为我安排的科德菲什岛（Codfish Island）之旅，去近距离地观看鸮鹦鹉——非常感谢给我这样的特权。感谢尼基·克莱顿（Nicky Clayton）耐心地回答我关于认知功能的问题。彼得·加利文（Peter Gallivan）和杰米·汤姆森（Jamie Thomson）在参考文献方面提供了一些令我非常感激的帮助。格雷厄姆·马丁（Graham Martin）热心阅读了第一章并给出了意见，赫尔曼·伯克胡特阅读并评论了第三章。我要特别感谢鲍勃·蒙哥马利（Bob Montgomerie）多年以来的友谊及给我的建设性批评，他阅读了本书的全稿并给了意见。我同样感谢杰里米·麦罗特（Jeremy Mynott）对于书稿给出的真知灼见。我的出版经纪人费利西蒂·布莱恩（Felicity Bryan）照例提供了她宝贵的建议，布鲁姆斯伯里出版社（Bloomsbury）的比尔·斯文森（Bill Swainson）和他的团队所提供的支持堪称典范。一如既往，感谢我的家人对我的理解和支持。

视觉

在鸟类中，楔尾雕有着相对身体而言最大的眼球。小图（从左至右）：雕的视网膜上有两个视凹和栉膜（黑色部分）；雕眼球的一个横截面；雕的头骨的一个横截面展示了雕的眼睛相对于头部的大小和位置，以及两个视凹的视线（箭头）。

隼的感官世界和我们的区别，就像它们和蝙蝠或熊蜂的差别一样大。它们的高速感知器官和神经系统给予其极快的反应。隼的世界动起来比我们快上十倍。

——海伦·麦克唐纳，2006 年,《隼》

我小时候有一次和母亲讨论我们的狗能够看到什么和不能看到什么。基于听说或在书上读来的知识，我告诉她狗只能看到黑色和白色。我母亲对此不以为然："他们怎么可能知道？我们又不能通过一只狗的眼睛去看，怎么会有人知道狗眼中的世界？"

事实上，我们有方法知道一只狗、一只鸟或其他生物能看到什么。比如通过观察眼睛的结构并与其他物种比较，或者通过行为测试。在过去，驯隼人无意中就做了这样测试——不是针对隼，而是伯劳。

这种优雅的小鸟并不是我们所想象的那种被用作引诱猛禽的诱饵，而是用它的能力来提醒驯隼人猛禽的出现。它拥有完美非凡的视力，能够在猛禽的身影在天空中出现而凭人类的眼睛还远无法看到时，就发现猛禽并发出告警。[1]

"优雅的小鸟"指灰伯劳，也用来称呼这种精心准备的诱捕隼的方

鸟的感官

法：驯隼人躲在一个用草皮覆盖的隐蔽小屋里，屋外用一只活的隼和一只木头雕刻的隼作为鸟媒，一只活鸽子作为诱饵。关键在于，把一只灰伯劳（也称作屠夫鸟）拴在给它准备的一个小小的草皮小屋外。

詹姆斯·E.哈丁是一位驯隼人和鸟类学家。1877年10月在荷兰范肯斯沃德附近一处传统的诱捕迁徙的隼的地点，他看到并描述了这种方法：

> 我们坐在小屋中的椅子上，装填我们的烟斗……突然，外面的一只伯劳吸引了我们的注意，它开始叫，表现出不安，接着它蹲下来盯着一个方向……它跳下它的小屋的屋顶，准备躲进去。驯隼人说：天上来了一只鹰。[2]

他们观察、等待，结果是一只驯隼人并不感兴趣的鵟。但接下来：

> 看！屠夫鸟又在盯着一个方向了，天上还有东西。它接着发出叫声并离开它的栖枝……我们看着那个方向，努力用我们的眼睛看，但什么都看不到。"你一会儿就能看到了，"驯隼人说，"屠夫鸟能比我们的眼睛看得远得多。"确实如此。两三分钟之后，在（范肯斯沃德）大平原远远的地平线上，一个小黑点进入我们的视线，并不比云雀大。那是一只隼。[3]

随着猛禽的接近，伯劳紧张的本能反应使驯隼人可以了解那只猛禽的种类。更令人印象深刻的是，伯劳的行为还可以告诉驯隼人猛禽在如何接近：快还是慢，在高空还是掠过地面低飞而来。因此，驯隼人将伯劳视为珍宝，会提供给它们小小的草屋以逃过猛禽的利爪。

有的诱捕方法将伯劳作为诱饵，让猛禽依靠非凡的视力发现伯劳这一潜在的猎物。而诸如"鹰眼"这样的词语也证实了人们在很久之前就认识到隼和其他猛禽拥有非凡的视力。[4]

隼的视力如此之好的一个原因是它们每只眼睛后面有两个视觉中心——视凹，而我们人类只有一个。视凹是位于眼睛后部视网膜上的一个微小的凹陷，这里缺少血管（因为血管会影响成像的清晰度）而光感受细胞密度很高。因此，视凹是我们视网膜上分辨率最高的点。隼拥有的双视凹使它们有非凡的视力。

人类目前研究过的鸟类眼睛，大约一半都像人类的眼睛一样只有一个视凹。不过伯劳有一个还是两个视凹呢？我为此询问了一些专门研究鸟类视觉的学术同仁，没有人知道。但有一位告诉我到哪里去寻找答案："去查凯西·伍德的《鸟类眼底》（*The Fundus Oculi of Birds*）。"值得一提的是，虽然我还没有仔细读过，但以前就知道这本书名晦涩的书。凯西·伍德这本出版于 1917 年的《鸟类眼底》讲述的是通过眼科医生的眼底镜来观察鸟类视网膜的研究。"鸟类眼底"这个标题就是指眼睛的内后部，这本书注定不会成为畅销书。

凯西·阿尔伯特·伍德（1856 年~1942 年）是我崇拜的人之一。他在 1904 年~1925 年期间担任伊利诺伊大学的眼科教授，也许是那个年代最著名的眼科专家。伍德同时也着迷于鸟类、鸟类书籍和鸟类学史。举例来说，他认识到腓特烈二世在 13 世纪留下的关于驯隼术（也是鸟类学）手稿的重要意义，于是前往梵蒂冈图书馆翻译并且出版了这份资料，使得这份极为罕见的手稿广泛传播。伍德也曾找到并为他的图书馆购买过威洛比和约翰·雷的一本独特的手工上色的《鸟类学》(*Ornithology*，1678年)，这本书在17世纪80年代曾被约翰·雷赠送给时任英国皇家学会会长的塞缪尔·皮普斯。凯西·伍德的另外一项重要成就是他的《脊椎动物生物学文献导论》(*Introduction to the Literature on Vertebrate Biology*)。对我来说这是一本常用的重要参考书籍，书中列出了在1931年之前出版的所有动物学书籍（包括关于鸟类的）。

伍德的这本《鸟类眼底》起因于他相信更好地了解鸟类特殊的视觉将有益于人类视觉生物学和病理学研究。这是一个天才之举，伍德使用检查人类视网膜的设备，大范围地对现生鸟类的眼睛进行了描述和分类。他可以仅凭一张视网膜的图片就鉴定出该视网膜属于什么鸟。[5]

我第一次有机会看到伍德的《鸟类眼底》一书，是在我前往蒙特利尔的麦吉尔大学布莱克-伍德鸟类学图书馆(Blacker-Wood Library)，为我的《鸟类的智慧》(*The Wisdom of Birds*，2009年)查找资料的时候。凯西·伍德将他海量的个人图书收藏捐给了大学，建立了这个图书馆以纪念他的妻子。当时，和我同去的有我的同事鲍勃·蒙哥马利，他专门去看皮普斯曾拥有的那本《鸟类学》。图书馆员埃莉诺·麦克莱恩当时问我要不要看《鸟类眼底》，但由于那晦涩的书名并且还有其他很多更吸引我的古籍，我愚蠢地拒绝了。

即使我当时看了那本书，我也不太可能记得凯西·伍德是否研究过伯劳。当我真正需要查阅它的时候，发现在英国的图书馆里根本没有这本书。我最终还是找到了一本，书中在加利福尼亚伯劳(California shirke, *Lanius ludovicianus gambeli*，现在被叫作呆头伯劳 loggerhead shirke）的词条下面，伍德写道："在这只鸟的眼底有两个黄斑区。"换句话说，在呆头伯劳的眼睛后部（眼底）有两个视凹（黄斑区）。太好了！就像我期望的以及伍德描述的那样："有两个视凹的鸟类有非凡的视力。"[6]

长久以来，无论是情侣、艺术家还是医生都为人类的眼睛而着迷。古希腊人解剖过眼睛，但是难以理解眼睛运作的机制，对类似于眼睛是接收还是散发光线这种问题并不清楚。公元 2 世纪给角斗士治疗外伤的罗马外科医生盖伦（Galen）对眼睛的解剖结构做了描述，他的描述一直保持到文艺复兴时期都被视为标准。这个时期，人们开始重新对自然世界产生兴趣，特别是通过对 13 世纪和 14 世纪的伊斯兰教手稿的翻译，激发了对神奇的视觉的兴趣。德国的博学者约翰内斯·开普勒（1571 年~1630 年）大概是开创视觉理论的第一人，之后被艾萨克·牛顿、勒内·笛卡尔和其他很多学者进一步阐释。在 1684 年，显微镜学先驱安东尼·范·列文虎克，第一次在视网膜上观察到我们现在所知的光感受细胞——视杆和视锥细胞。两百年后，通过一台更好的显微镜并使用非常聪明的方法——给不同类型的细胞染不同的颜色——圣地亚哥·拉蒙－卡哈尔（1852 年~1934 年）详细地描述了不同动物——包括鸟类——的视网膜细胞如何与大脑连接，并为此绘制了精美的插图。

在《物种起源》（*Origin of Species*）中，达尔文将脊椎动物的眼睛描述成"极度完美和复杂的器官"。某种意义上，眼睛是对自然选择学说的考验——基督教哲学家威廉·佩利在他的《自然神学》（*Natural*

Theology，1802 年）中用眼睛的例子作为造物主智慧的证明。佩利提到，只有上帝能够创造如此完美的器官以适合于它的目的。佩利认为这个例子会是"治愈无神论的一剂良药"。作为剑桥大学（神学院）的在校生，达尔文很喜欢佩利的书，那个时候，他正在接受去教堂做牧师的训练。但正如达尔文之后所说的，佩利关于自然世界（根本上说是关于适应性）的想法看似十分合理——但这是在他发现自然选择之前。对于自然世界的完美性，自然选择学说提供了一个比上帝或自然神学更令人信服的解释，对这一点的认识从根本上改变了我们对自然的理解。

佩利是一位神创论者，主张"智能设计论"，他的论述的关键在于半个眼睛是没有意义的，因此自然选择不能创造出眼睛来。对于佩利和其他神创论者来说，眼睛必须发展完全才能发挥作用，只有上帝的创造才能让眼睛出现。

"智能设计"这种想法已经被多次证明是错误的。最有说服力的是两位瑞典科学家丹 – 艾里克·尼尔森和苏珊娜·皮尔格在 1994 年所做的对眼睛演化的精妙重建。一层简单的光感受细胞，如果每一代产生仅百分之一的改进，发展成为如人类或鸟类般复杂精致的眼睛也只需要不到 50 万年——在地球生命长河的历史中，这只是很短的一段时间。这个演化模型不仅表明半个眼睛（或更少）比完全没有眼睛要好，还表明视力的演化远远没有佩利和他的追随者们所相信的那样复杂到不可能。[7]

随着我阅读了更多关于鸟类视觉的资料，一个特别的术语不断出现：由眼睛引导的翅膀（a wing guided by an eye）。它的意思是鸟类无非是有着非凡视觉的飞行机器。过了一段时间，每当我读到这个短语都感觉到很不舒服，因为这个术语意味着视觉是鸟类拥有的唯一感官，我们在后面会看到，这当然不是真的。这个术语来自于法国眼科医生安德烈·罗尚－杜维尼尔（1863年~1952年）在1943年出版的一本关于脊椎动物视觉的书，他认为这句话抓住了鸟的本质。

当然，远在罗尚－杜维尼尔之前，几乎每一个描写过鸟类的人都提到过它们非凡的视力。比如，伟大的法国博物学家布丰伯爵（Comtede de Buffon），在18世纪末讨论鸟类的感官时说过："我们发现，鸟类的视力总体上比四足动物更远、更敏锐、更精确、更清晰。""那些能够快速穿过空中的鸟一定比慢慢在天空画出波浪的鸟的视力更好。"——后者是说那些在空中缓慢地曲折飞行的鸟。[8]19世纪早期的鸟类学家詹姆斯·伦尼写道："我们自己也多次看到鹗从两三百英尺 [i] 的高空中冲下来抓一条不太大的鱼，如果是人类，在这么远的距离很难看到这么小的一条鱼。""长尾山雀快速在枝条间穿梭，在非常光滑的树皮上寻找它的食物——那些除非靠显微镜，否则肉眼非常难以察觉的昆虫。"[9][ii] 同样地，也有人多次观察到一只美洲隼能够在18米外的地方看到一条2毫米长的昆虫。[10] 如果你不清楚这对人类的视觉而言意味着什么，我已经做过实验，在18米外我完全看不到一条2毫米长的虫子，直到我走到距离不到4米的时候才看到——这证明了美洲隼的视觉分辨率很高。

我的博士课题是在斯科莫岛研究海鸦，我会在几个不同的海鸦群里建一些隐蔽物，以便躲起来近距离观察它们的行为。我最喜欢的一

---

i —— 译者注：1英尺 = 0.3048米。

ii —— 译者注：据《中国鸟类志》记载，长尾山雀主要以昆虫为食，其中包括落叶松鞘蛾、尺蠖等，并非肉眼不可见。

鸟的感官

个隐蔽物在岛的北面，艰难地手脚并用匍匐爬过一小段路，我就能在距离一群海鸦几米的地方坐下来。大约 20 对海鸦在这个悬崖边缘筑巢繁殖，其中一些海鸦在孵它们那一枚卵时面向大海。离这些鸟这么近，我感觉好像自己成为这个集群的一部分，并且对它们所有的行为和叫声都熟悉起来。有一次，一只海鸦突然站起来开始发出问候的叫声——但它的伴侣并不在。我对它的行为很迷惑，因为这个行为发生得完全不合时宜。我向海上看去，看到一个比小黑点大不了多少的东西，是一只海鸦向这个集群飞过来。在悬崖边的那只海鸦继续叫，然后在我吃惊的目光注视下，飞来的鸟伴随着翅膀扇动的呼呼声，降落在它旁边。接着两只鸟以明显的热情互相问候。我很难相信那只在孵卵的鸟能够在几百米外就看到并辨认出它在海面上的伴侣。[11]

我们如何用科学的方法确定鸟类的视觉有多好？有两个办法：比较它们与其他脊椎动物的眼睛结构的差异，以及进行一些行为测试来测定鸟类的视力。

自文艺复兴起，对人类视觉感兴趣的研究者们通常都会去研究鸟类或其他动物的眼睛。久而久之，人们毫不惊讶地发现，它们的视力与我们所知的人类的视力有巨大差异。

较之哺乳动物，鸟类的眼睛相对更大。简单地说，更大的眼睛意味着更好的视力，而非凡的视力对于飞行中避免碰撞、捕捉快速移动或伪装的猎物非常重要。而且具有迷惑性的是，鸟类的眼睛比从外表看起来还要更大。在 17 世纪中期，威廉·哈维（以发现血液循环而闻名）就曾说过，鸟的眼睛"只有一小部分露在外面，因为除了瞳孔，其他部分都被皮肤和羽毛覆盖了"。[12]

显然，和很多器官一样，大型鸟类的眼睛总体上比那些小型鸟类的大。鸟类中蜂鸟的眼睛最小，非洲鸵鸟的眼睛最大。研究鸟类眼睛的学者用角膜和晶状体的中心到眼睛后部视网膜的距离（眼睛的直径）作为衡量眼睛大小的标准。非洲鸵鸟眼睛的直径有 50 毫米，是人类眼睛直径（24 毫米）的两倍多。实际上，相对于身体比例而言，鸟类的眼睛大小差不多是大部分哺乳动物的两倍。[13]

腓特烈二世是一位敏锐的观察者，在他关于驯隼术的手稿中，他写道："有些鸟有着相对于身体较大的眼睛，有些较小，有些中等。"[14] 非洲鸵鸟的眼睛在鸟类中绝对尺寸最大，但相对于它体形的比例，实际上比我们想象的要小。相对于体形最大的眼睛出现在雕、隼和鸮（猫头鹰）身上。白尾海雕眼睛的直径有 46 毫米，并不比非洲鸵鸟小多少（后者的体重是前者的 18 倍）。在眼睛尺度的另一端，几维鸟的眼睛非常小，无论是其绝对尺寸（直径 8 毫米）还是相对于它的体形。为了让读者对几维鸟的眼睛有多小有更直观的印象，我们来看澳大利亚的褐刺嘴莺（体重小到只有 6 克），它有着直径 6 毫米的眼睛。如果按这个体重比例，几维鸟（它们大概有 2 到 3 千克重）会有一个直径 38 毫米的眼睛（类似于高尔夫球的大小）——这是多么大的差距。几维鸟的眼睛被描述成："穷尽了鸟类的眼睛退化的可能性。"[15]

确切地说，鸟类的眼睛尺寸的重要性在于眼睛越大，投影在视网膜上的图像越大。可以想象一台 12 英寸的电视机和一台 36 英寸的屏幕的区别。更大的眼睛拥有更多的光感受器，就像更大的电视屏幕有更多的像素，因此成像更好。

昼行性的鸟中，在黎明后就很快开始活跃的种类比在日出后才开始

鸟的感官

活跃的种类有更大的眼睛。在夜间觅食的那些涉禽，有着像鸮或其他夜行性鸟类一样相对更大的眼睛。而几维鸟在夜行性鸟类中是个例外，像长期生活在黑暗洞穴里的鱼和两栖动物那样，似乎已经放弃了视觉转而依靠其他感官。

澳大利亚的楔尾雕的眼睛，无论是绝对尺寸上还是相对于大部分其他鸟类而言都很大，因此有着已知动物中最好的视觉灵敏度。对于其他鸟类来说，尽管像雕这样敏锐的视力有好处，但眼睛是沉重的、充满液体的结构，眼睛越大越影响飞行。飞翔的鸟类的身体就是为飞翔设计的，因此身体重量的分布，不会太影响飞行。沉重的头部不太适合飞行，因此它们眼睛的尺寸有一个上限。既需要飞行又需要大眼睛，这大概也是现生鸟类没有牙齿的原因，取而代之的是位于腹部靠近身体重心部位的一个有力的肌胃，也被称为砂囊，鸟类用它来磨碎食物。

对于早期的研究者来说，视觉现象包含着很多谜。比如为什么我们通过两只眼睛却只看到一个画面。毕竟，每只眼睛都能看到一幅完美的画面，而睁开两只眼睛我们仍然只看到一幅画面。

笛卡尔发现了另一个谜团，他在牛眼的视网膜上切一个方孔，并在孔的后面放置一张纸，通过牛眼在纸上投影出的像是上下颠倒的。那为什么我们的眼睛看到的是上下正确的呢？

威廉·德勒姆（William Derham）在 1713 年关于眼睛的描述中，也提到这个问题：

> 辉煌的景观和其他物体进入眼睛，在我们的视网膜上形成一幅像，那幅像并不是正像，而是倒转的，这符合光学定律……但是现在问题

是，我们的眼睛是怎样看到正像的呢？

他说到爱尔兰哲学家威廉·莫利纽兹（1656年~1698年）给出的一个答案："眼睛只是器官或设备，是灵魂在通过眼睛这样的工具去看。"[16]

如果我们可以把"灵魂"看作大脑，或者承认眼睛仅仅是一种"设备"，那么莫利纽兹是对的。确实是大脑进行处理，"看到"了单一的"正立"的像。令人惊奇的是，正是我们在训练自己翻转视网膜上的倒像。在1961年那个著名的实验中，艾尔文·莫恩（Irwin Moon）博士戴上一副图像翻转眼镜——将眼中的世界颠倒过来。一开始，他觉得非常糟糕，无法适应。但在戴上眼镜8天以后，莫恩博士已经调整过来，又"看到"了正立的像。为了证明这一点，他还骑上摩托车，甚至驾驶飞机出去兜了一圈，都没有出事故。莫恩的极端实验无可辩驳地证明了我们其实是用我们的大脑而非眼睛来"看"。[17]

尽管我们倾向于认为大脑是一个独立的器官——一团湿软的组织，但它实际上是一个复杂而全面的神经组织网络的一个部分，这个网络触及身体的每一个部分。想象一下整个神经系统：大脑，脑神经由此发出；脊髓，从两侧发出成对的神经（脊神经）；这些神经不断分支再分支，变细形成树状，在它们的末梢有着各个感觉器官；这些感觉器官，如眼睛、耳朵、舌头等等，收集信息，包括光、声波和味道，然后转化成一种通用的电信号，沿着神经元被传送到大脑，进行解析。

鸭子的眼睛在头的两侧，它们看到的世界是一幅还是两幅画面呢？那么拥有两个巨大的眼睛，像我们一样都面向前方的灰林鸮是不

鸟的感官

是也像我们一样看到单一的画面呢？英国伯明翰大学的格拉哈姆·马丁（Graham Martin）花了很多年来测量不同鸟种的三维视野，并且按照视野范围把鸟分成三个类型。

第一类是典型的鸟，如乌鸫、欧亚鸲和莺这样的鸟。这类鸟有前向视野和非常好的侧面视野，但（像我们一样）看不到后面。但令人惊讶的是，这一类鸟大多数都看不到它们自己的嘴尖，但有足够的双眼视野来饲喂它们的雏鸟或是筑巢。

第二类像鸭子和丘鹬这样，它们的双眼在头两侧靠上的位置。它们没有很好的前向视野，并且由于它们在饲喂的时候依赖其他感官，大部分都不需要看到嘴尖。但是它们拥有全景视野，包括上方和后方，这使得它们可以发现潜在的捕猎者。有趣的是，这类鸟两只眼的视野几乎没有重叠，因此它们可能会看到两幅独立的图像。

第三类是像我们一样双眼都向前的，如鸮类，没有后视野。考虑到我们如此依靠双目视觉来获得对深度和距离的感知，我们会自然而然地觉得其他动物也应该如此。我们对双目视觉的依赖大概就是我们赋予鸮类许多象征意义的原因，它们可以用它们的双眼看着我们的双眼。但是眼睛是有欺骗性的，实际上猫头鹰的双眼并不像看上去那样，而是有相当角度的，而且它们双眼视野的重叠范围比我们人类的要小不少。通常认为鸮类双眼向前是为了适应夜间生活，但事实并非如此。当然，很多鸮都是夜行性的，但第三类的视野与在夜间发挥作用的关系不大：油鸥和夜鹰也是夜行性的鸟，但是它们拥有的是第二类的视野。马丁关于鸮的眼睛朝向前方的解释颇为有趣，他认为这是因为鸮类需要非常大的眼睛，这和它们在光线很差的条件下飞行有关，而且它们还需要非常大的外耳孔，这意味着（我们将在下一章看到）头骨上适合眼睛的位置只有前部。马丁说："否则它们还能在哪儿呢？"通过猫头鹰的耳孔，你能够看到它们的眼睛后部，这也说明了它们的头骨没有足够的空间同时安置眼睛和耳朵（以及大脑）！[18]

像我这一代在 20 世纪 60 年代的英国接受教育的读者应该记得学校从小给他们灌输的关于人类眼睛基本结构的知识：直径 2.5 厘米的球形器官；一个开口（虹膜）让光进入；以及在视网膜上投影的晶状体。信息由视网膜传递到神经网络，通过视神经抵达大脑的视觉中枢。我们甚至解剖过牛的眼睛——现在回想起来好像是年纪很小的时候，我当时就着迷了！

当研究者们一开始观察鸟类的眼睛并与我们自己的眼睛相比较的时候，他们注意到一些显著的区别。首先就是一些鸟，比如大型鸦类，眼球比我们的更瘦长。19 世纪重要鸟类学家阿尔弗雷德·牛顿（1829年~1907年）描述鸟的眼球像"短而厚的歌剧望远镜的镜筒"。[19] 第二个不同是鸟有一个额外的半透明眼睑。长期以来，每一个养鸟的人都知道这一点。亚里士多德曾经提到过，腓特烈二世也在他的驯隼术手册中写道："为了清洁眼球，有一个特别的膜快速地在眼球前表面眨过又快速地缩回。"[20] 想不到的是，第一份关于这个额外眼睑的正式描述来自一只鹤鸵，这只鹤鸵是送给路易十四的一件礼物，1671 年死在凡尔赛宫动物园。[21] 约翰·雷和弗朗西斯·威洛比在他们 1678 年出版的"鸟类百科"中写道："大部分（如果不是所有的）鸟有个可以眨的膜……它们可以自由地遮住眼睛，但眼睑还是睁开的……还可以擦拭、清洁，或许湿润眼球……"瞬膜这个术语来自于拉丁文 *nictare*，意为眨眼。我们

鸟的感官

人类的瞬膜仅有残存的痕迹——在我们的内眼角剩下粉色的一小块。[22]

　　鸟的瞬膜位于其他眼睑的下面，在照片中很容易看到。如果你在动物园拍过鸟类的特写照片，一定有鸟的眼睛看起来乳白色或者被遮住了一部分的照片，尽管在拍这张照片的时候，鸟的眼睛看起来是正常的。通常，乳白色是由于瞬膜在眼睛表面水平地或倾斜地快速眨过导致，这个速度快到几乎看不见，但很容易被相机捕捉。如腓特烈二世认识到的，瞬膜有清洁眼睛的作用，但同样也起保护作用。鸽子每次低头在地上啄食的时候，瞬膜都会合上以保护眼睛不被尖尖的叶子和草扎到。每当猛禽冲向猎物的时候，它的瞬膜会立刻合上，而鲣鸟在俯冲而下撞击水面之前，瞬膜也都会以完全相同的方式合上。

　　第三点不同是一个叫作栉膜的结构。之所以叫这个名字，是因为它与梳子（栉膜英文叫 pecten，也来源于梳子的拉丁文 *pecten*）相似。栉膜由法国科学院最伟大的解剖学家之一克劳德·佩劳（1613 年 ~1688 年）在 1676 年发现。[23] 栉膜是颜色很深的褶皱结构，褶皱的数量根据鸟的种类不同从 3 个到 30 个不等。鸟类学家们一度希望——正如其他的解剖特征那样——栉膜能够对不同物种之间的关系提供重要的信息。但它没有。而视觉最敏锐的鸟，如猛禽，有着最大最复杂的栉膜。几维鸟一开始被认为完全没有栉膜，但在 20 世纪早期，凯西·伍德发现它们还是有一个很小很简单的栉膜。[24]

　　栉膜乍看起来会妨碍而不是促进视觉——它长得就像在眼球后部突起的巨大手指。但经过仔细检查，包括凯西·伍德在内的解剖学家认识到，栉膜的位置非常巧妙，它的投影会落在视神经上，或者在视网膜的盲点上，因此不会影响视力。栉膜有什么作用呢？为什么我们人类没有呢？鸟类的栉膜似乎为眼后房（postevior chamber）提供氧和其他营养。与人类和其他哺乳动物不同，鸟类的视网膜上没有血管，而栉膜是一丛聚集的血管，差不多是一个巧妙的供氧装置——褶皱可以让它表面积最大化，从而促进眼内的气体交换（氧气进入而排出二氧化碳），让眼睛有效地呼吸。

人类的视凹发现于 1791 年，这是眼睛后部最重要，也是成像最清晰的点。随后，人们发现视凹广泛存在于其他动物的眼中，但直到 1872 年才发现鸟的眼睛中也有视凹。[25] 尽管多数鸟类像我们一样也只有一个视凹，但不久之后，研究者发现一些鸟如蜂鸟、翠鸟和燕子，以及猛禽和伯劳的眼睛有两个视凹。值得注意的是，一些种，例如家鸡，完全没有视凹。其他一些种拥有线状的视凹，还有一些种拥有两种视凹的混合。许多海鸟，包括大西洋鹱，有一个水平的线状视凹，大概有侦测地平线的作用。

对隼、伯劳和翠鸟而言，它们的两个视凹分别被称为浅视凹和深视凹。[26] 浅视凹就像所有的单视凹鸟类那样，主要是为提供单眼近距离视野。然而，深视凹的指向与头的侧面成大约 45 度角，在视网膜上形成一个球面的凹，作用类似于长焦镜头的凸透镜，能够有效地使眼睛看得更远，并放大图像，提供非常高的分辨率。[27] 深视凹的位置也意味着猛禽有一定程度的双目视力，而双目视力被认为对判断快速移动的猎物的距离至关重要。[28] 如果你观察过人饲养的猛禽，你会发现在它们看着你接近的时候，它们的头部经常前后左右或上下摇动。这样做是为了使你的像在两个视凹中切换，浅视凹提供特写，而深视凹测量距离。与我们的眼睛相比，鸟的眼睛在眼窝中是相对固定的（因为空间和重量有限，用于转动眼睛的肌肉消失了），所以猛禽和鸮类在察看其他方向的时候，只能通过转动头部实现。

鸟类眼睛的尺寸和基本结构只能告诉我们这些信息，而视网膜的微观结构更能说明问题。猛禽非凡的视觉敏感度主要归功于视网膜上高密度的光感受细胞。光感受细胞，或者叫光感受器，主要有两个类型：视杆细胞和视锥细胞。视杆细胞的作用可以被认为是老式高速黑白底片——可以在光线较暗的情况下感光。另一方面，视锥细胞可以被认为是低速彩色底片（或者相当于数码相机里将感光度 ISO 设置在低数值），拥有高清晰度，尤其在光线明亮环境中有最佳表现。

我们人类的单一视凹是视网膜上视锥细胞密度非常高的一个凹陷部分，每一个光感受细胞都连着单独的一条神经细胞，负责将信号传递到大脑。而眼睛其他位置的光感受细胞（包括视杆细胞和视锥细胞）共用一些神经细胞，就好像许多人的电脑共用一条电话线上网——慢得要命。在视凹上光感受细胞与神经细胞一一对应意味着每一个视锥细胞都给大脑发送独立的信号，这些信号定位更精准，使得视凹的成像有最大的分辨率和最好的色彩。

眼睛的整体结构和尺寸，光感受器在视网膜上的密度和分布，以及大脑处理由视神经传导来的信号的方式，决定了鸟类能看到什么。尽管这三个方面是互相关联的，但它们中任何一个对于鸟的视敏感度，或者说鸟能看到多少细节，都只提供了有限的信息。

日行性猛禽的眼睛有非凡的**锐度**——能够看到很好的细节。另一方面，鸮类的眼睛有着非凡的**感光度**——能够在光线暗的条件下视物。没有眼睛可以兼具这两种能力，就好像一台相机不能同时有大光圈和大景深。这是一个基本的物理原则。如视觉生物学家格雷厄姆·马丁和丹·奥索里奥所说："在这两个基础的视觉能力（感光度和锐度）之间永远都存在取舍：如果图像中只有很少的光子（因为光线很弱所以提供给视觉的信息非常少），分辨率不可能高，如果眼睛是为高空间分辨率而生，那么在微光条件下是无法发挥作用的。"[29] 视觉锐度依靠眼睛的基本设计：包括尺寸（因为这点决定了投影到视网膜上的图像尺寸）和视网膜本身的设计。这点类似于相机：镜头的品质决定了图像的品质，胶卷的感光度（颗粒度）或者数码相机的感光度 ISO 决定了最终照片的精度。猛禽的视网膜上视锥细胞占了大多数，尤其是视凹处每平方毫米大约有 100 万个视锥细胞（人类大概为 20 万个）。于是，猛禽的视力是我们的两倍多一点。[i]

鸟类差不多是最绚丽多彩的动物，这也是我们觉得它们如此迷人的一个原因。安第斯冠伞鸟是南美洲羽毛最鲜艳的鸟类之一（在南美洲有很多鲜艳的鸟）。雄性的安第斯冠伞鸟体羽红色醒目，翅膀外侧和尾羽的羽毛乌黑发亮，而翅膀内侧的羽毛为银白色。英文名字 cock-of-the-rock（意为岩石上的公鸡）源于它们在悬崖突出的岩石上筑巢，并且有着鸡冠状的羽冠，这种鸽子大小的鸟是观鸟爱好者前往厄瓜多尔的一个主要目标。在雨林深处被称为"求偶场"的地方，雄鸟会成群地

---

i —— 译者注：视力可以认为是由线分辨率量度的，所以视锥细胞面密度与视力间为平方关系。

　　　　　　　　　　　　　　　　　　鸟的感官

炫耀。我们和 15 人左右的一群观鸟爱好者一起，沿着一条陡峭湿滑的小路往下，去往这样一个炫耀求偶的场所。在我们远还没有见到它们的时候，这些鸟那独特的刺耳叫声就让我们知道它们在那里，当地的克丘亚人模仿这种叫声作 "*youii*"。

在峡谷边的观景平台上，我们没有想到那些鸟这么难被看到：植被非常茂密，尽管雄鸟们活跃地从一棵树到另一棵树互相追逐，但是它们依然很少出现在视野之中，并且很少停留在一个地方足够长的时间以在我的视网膜上投下令人满意的画面。我满心希望它们会停落到阳光下的树枝上，让我可以好好看一看。最终，我看到了这么一只鸟，给我的感觉就像一大片绿色枝叶中有一小块光彩夺目的火山熔岩，让人印象深刻。

那次与安第斯冠伞鸟短暂的邂逅让我记忆最深刻的是，尽管这些鸟有着鲜艳的颜色，但当它们回到阴影中时，就变得几乎隐形。那种感觉就好像看着一名演员从聚光灯下退出，消失在黑暗中。这种效果并不意外。雄鸟选择充满阳光的表演场以最大程度地展示它们羽毛的光彩夺目。演化使得这些鸟在被阳光照射时，就完全展现其美丽；但在阴影中，被绿色森林植被滤过的光线使得这些鸟的羽毛显得暗淡无光，让它们可以很好地伪装自己。

我看到这些鸟在茂密的森林中快速地跳来飞去，从一根枝条到另一根枝条，我十分好奇那些鸟类学先驱们是怎么搞清楚在它们的求偶场里发生的所有事情：我没有看到过雌鸟，因此也从没看到雄鸟求偶的全程。而显然，一千年来当地人知道这些鸟和它们的求偶场，并曾将这些鸟鲜红的羽毛用在他们的头饰上。

最早对安第斯冠伞鸟求偶场进行的描述来自"维多利亚女王"号的随船地理学者罗伯特·尚伯克，他当时身负绘制英属圭亚那（现圭亚那）地图的艰巨任务。1839年2月8日，在艰难地穿越奥里诺科河和亚马孙河之间山脉的行程中，尚伯克和他的同事们看到由10只雄鸟和2只雌鸟组成的一小群安第斯冠伞鸟："那块场地大概直径4到5英尺，每一片草叶都被清理掉了，平整得好像被人手工整理过一样。其中一只雄鸟对着其他明显十分亢奋的鸟蹦蹦跳跳。"1841年，尚伯克的兄弟、植物和鸟类学家理查德回到那个地方，验证了罗伯特所看到的非同寻常的景象。听到安第斯冠伞鸟嘈杂的叫声，"我的同伴们立刻悄悄地带着武器向那声音传来的方向前进，紧接着一个同伴转过身来让我轻轻地小心跟着他。我们大概在灌丛中匍匐前进了上千步……在印第安同伴身边安静地蹲下来，我看到了最有趣的景象"。这些在求偶场中光芒四射的鸟儿们在"上演最独特的一幕……雄鸟中有一只在光滑的大石头上跳来跳去；它显然很骄傲的样子，上下摆动展开的尾巴，拍动同样展开的翅膀……直到它筋疲力尽，飞回灌丛"。[30]

就像其他几种会在求偶场炫耀的鸟类一样，雄性安第斯冠伞鸟非常谨慎地选择它们炫耀的地点。澳大利亚的缎蓝园丁鸟选择有太阳光斑的地方，而实际上，新几内亚的几种极乐鸟和南美洲的娇鹟甚至会通过修剪相邻的树枝以在森林的地面上制造太阳光斑。这种"园艺工作"曾经被认为是为了减少被捕食的风险，但随着对鸟类视觉的认识的增加，现在我们已经清楚这种行为是为了创造一个舞台背景颜色，来最大程度地增强它们的羽毛颜色的视觉反差和求偶表演的整体效果。

鸟的感官

我曾为目睹雄性安第斯冠伞鸟和它们在阳光下绚丽的颜色而激动不已，但是我也曾怀疑雌鸟是否能够像我们一样看到雄鸟的魅力。然而我们接下来会看到，雌鸟眼中的雄鸟甚至更绚丽。

正如达尔文所认识到的，如安第斯冠伞鸟那样，雄鸟拥有的亮丽的颜色，不太像是为了提高生存概率而演化出来的。反之，这样的特性的演化势必是为了提高繁殖成功率。达尔文猜测有两种方式可以演化出这样的特性：要么是雄性为了雌性而相互竞争，要么是雌性优先与最有吸引力的雄性交配。这是一个巧妙的想法，很好地解释了为什么往往不同性别间的外观和行为差异极大。达尔文用性选择与自然选择来区分这两种演化方式。他也认识到，即使亮丽的羽毛和响亮的歌声让雄性更有可能被捕食，但如果足够吸引雌性并能留下更多后代，这样的特性依然更容易被选择而保留下来。但这个想法依然存在一些问题，尤其对于第二种方式：雌性选择。达尔文时代的人完全不能想象雌性（人类或非人类）能够聪明到做出这样明智的选择。他们提出能做出这样的选择需要具有意识，但他们忽略了真正的重点。阿尔弗雷德·拉塞尔·华莱士提出了更严肃的一个问题，他指出达尔文没有说明雌性**如何**从与特别有吸引力的雄性交配中获益。达尔文也确实不知道。

这两点异议使得对于性选择的研究一度中断，在达尔文死后的几十年中都几乎没有研究者能再费心去开始这项研究。值得注意的是，在20世纪70年代，演化思想发生了重大的转变，雌性选择理论再度被科学界重视起来。这个转变在于认识到选择发生在个体层面而不是在群体或者整个物种的层面，由此雌性可以有几种不同的方式从选择与特定的雄性交配那里获益。在安第斯冠伞鸟的例子中，雄性对于后代除了精子中的物质外，没有提供别的投资，而雌性从特定的雄性那里得到的好处大概是为它的后代获取了更好的基因。[31]

为了理解雌性如何在不同的雄性间做选择，研究者们在近十年中开始考虑鸟类的感觉系统。例如在考察安第斯冠伞鸟时，我们需要从雌鸟的视角来看世界，至少是来看雄鸟。虽然我们不能真的"通过雌鸟的眼睛去看"，但仅通过观察鸟类眼睛的微观结构（实际上这并不简单），我们对于它们眼睛运作方式的了解足以让我们对此有准确的推测。这个重大的进步源于我们现在了解到，颜色既是一个物体——一片羽毛或者一只鸟——本身的特性，也是感觉主体用以分析从视网膜上获得的图像的神经系统的特性。确实，虽然一定程度上可以说"美在观者眼中"，但实际上"美在观者脑中"，大脑才是处理图像的地方。没有对神经系统的了解，我们就无法真正理解鸟如何"看"它的同类，或者，如何看它们所生活的环境。我们花了难以想象的时间才认识到这一点，如英国布里斯托尔大学的英尼斯·卡希尔所说：我们乐意接受狗的嗅觉比我们好很多，但却难以置信地无法接受鸟类和其他动物看到的世界与我们不同。

让我们来考察在视网膜上负责颜色的光感受细胞（视锥细胞）。按照接收颜色的不同，人类视锥细胞有三种类型：红、绿、蓝。这直接等同于电视机或者摄像机的三个颜色通道，这三者结合产生我们所认为的完整光谱的颜色。相比于大多数哺乳动物，人类和灵长类有着相对较好的色觉，因为大部分其他哺乳动物，包括狗，只有两个类型的视锥细胞，这大概就像电视机只有两个（而不是三个）颜色通道。尽管我们（自大地）认为我们有很好的视觉，但相比鸟类来说却差很多，因为它们有四种单独的视锥细胞：红、绿、蓝和紫外。鸟类的视锥细胞不仅仅类型比我们的多，数量也比我们的多。此外，鸟类的视锥细胞中还包含一种彩色油滴，也许这可以让它们区分出更多的颜色。

直到 20 世纪 70 年代，鸟类眼中的紫外视锥细胞才被发现。而在此之前，在 19 世纪 80 年代，达尔文的邻居约翰·卢伯克注意到蚂蚁可以看到紫外光，因而发现昆虫有紫外视觉。几十年后，生物学家发现蜜蜂可以通过紫外视觉来区分不同的花。到 20 世纪中期，还只有昆虫被认为能够看到紫外光，我们以为它们通过这样独特的方式沟通，而这种方式对它们的捕食者，如鸟类，是隐形的。

20 世纪 70 年代对鸽子的研究发现它们也对紫外光敏感，因而知道之前的认识是错的。现在我们知道，有许多，也许是大部分鸟类，[32] 能够一定程度地看到紫外光。一些鸟食用的浆果的花能够反射紫外线；红隼可以通过田鼠的尿迹反射的紫外线来追踪它们的猎物；蜂鸟、紫翅椋鸟、北美金翅雀和斑翅蓝彩鹀的羽毛（或部分羽毛）能够反射紫外线，雄鸟通常比雌鸟更明显。一些种类，如斑翅蓝彩鹀，羽毛反射紫外线的程度也反映了雄性的质量，也难怪雌鸟会通过羽毛在潜在的伴侣中进行挑选。[33]

大部分鸮类是夜行性的，因此良好的夜视能力对于它们来说非常重要，但这主要用于避开障碍物而不是定位猎物，因为鸮类主要依靠听觉来捕猎。对于夜行性的鸮来说，眼睛感光度是关键。为了测定鸮类能够看到的最小光度，格拉哈姆·马丁对训练过的灰林鸮进行了一系列的行为测试——这是目前少数几种有这方面资料的物种之一。他在两块屏幕上投影不同强度的光，并训练灰林鸮在看到光线时啄食屏幕前方的木条，以获得食物奖励。马丁用完全相同的步骤来对人做测试（但没有食物奖励），这样他可以做一个直观的比较。不出意料，灰林鸮的眼睛比人类的更加敏感，总体上比大部分人能察觉到更弱的光，尽管有少部分人类的被试结果显示其眼睛的感光度比灰林鸮的更好。[34]

相比于大多数鸟类，灰林鸮的眼球都可谓巨大，而它们眼睛的焦距和人类近似（约 17 毫米）。然而，因为它们的瞳孔（直径 13 毫米）比人类的（直径 8 毫米）更大，所以它们可以接收到更多光线。灰林鸮视网膜上的投影比人类的要亮两倍以上，这解释了为什么它们的视觉感光度和我们之间存在不同。灰林鸮栖息在森林中，马丁也测试了在林中是否有光线弱到让灰林鸮的眼睛都无法看清的情况。不出所料，他发现在大部分的情况下光线都是足够的，只有在没有月光的夜晚茂密的林冠之下，光线会暗到连灰林鸮也无法看清。

与纯日行性的鸟类如鸽子相比，灰林鸮的视觉感光度大概是鸽子的一百倍。在光线微弱的条件下，鸮类的视觉比鸽子清晰很多，这解释了为什么鸮类在夜间可以很好地活动。鸽子和灰林鸮日间视力水平差不多，而不是一些人认为的灰林鸮在白天视力就不行了。但因为鸮类的眼睛是为了获得最大的感光度而不是最好的分辨率而设计的，它们可以在光线微弱时看得很好，但不是特别的锐利。美洲隼和澳大利亚的褐隼这样的日行性猛禽的空间分辨率——能够分辨图像细节的能力——比灰林鸮好五倍。[35]

鸟类的左眼和右眼的功能有区别是近年来鸟类学研究的一项重大发现。像人类一样，鸟类的大脑也被分为两个半球：左半球和右半球。因为神经系统的分布，大脑左半球负责处理身体右侧传来的信号，反之亦然。不同的大脑半球处理不同类型的信号最早由法国内科医生皮埃尔·保罗·布洛卡于 19 世纪 60 年代发现，他在对一名语言障碍患者的遗体进行尸检时发现，患者的大脑左半球因梅毒而严重受损。类似病例的逐步积累证实了大脑左半球和右半球确实分别处理不同类型的信息。这种现象被叫作"偏侧化"，之后一个世纪中，人们都认为这是人类独有的。但是在 20 世纪 70 年代早期，人们通过对金丝雀鸣唱学习的研究，发现鸟类的大脑也有"偏侧化"现象。金丝雀和其他鸟类的鸣唱发声来自于它们的鸣管——类似于我们的喉部。费尔南多·诺特包姆发现位于金丝雀鸣管左侧的神经（以及相应的大脑右半球）对鸣唱的产生不起作用，仅有右侧神经发挥作用。这为鸟类鸣唱学习的研究提供了一条重要的线索：鸟类的鸣唱就像人类的语言一样，对一侧大脑的依赖多于另一侧大脑。后续的研究证实了这一点。[36]

不仅如此，对鸟类的研究在对大脑偏侧化的了解中发挥了核心的作用，现在我们认识到偏侧化有助于大脑对信息的处理，可以有效地让个体同时处理多个不同来源的信息。

偏侧化可以由两种方式表现出来。首先，在**个体**层面：人类、鹦鹉和其他一些动物会以左利手或右利手（鹦鹉用爪抓握）表现出偏侧化。其次，整个**物种**都可能表现出偏侧化：如我们下面会讲到的，作为一个典型的例子，家鸡通常用左眼来搜索空中的捕食者。[37]

人类通常会是左利手或者右利手，并且尽管通常无法察觉两只眼睛使用的差异，我们也有主视眼，大概 75% 的人是右眼。而那些眼睛长在头的两侧的鸟，两只眼睛也有分工。例如家鸡的日龄雏鸡，倾向于使用它们的右眼来看近处，如觅食的时候，而用左眼观察更远距离，例如侦测捕食者的时候。此外，罩住鸟的一只眼睛进行一系列巧妙的行为测试表明，在特定的任务中，鸟类用某一只眼睛比用另外一只眼睛时表现好得多，比如山雀和松鸦在回忆它们藏匿食物的地点的时候。[38]

　　我们甚至知道鸟类对双眼使用的差异是如何出现的。澳大利亚的莱斯利·罗杰斯是鸟类的大脑偏侧化的资深研究者，他总是想了解这些现象是如何产生的。他告诉我：

　　　　我的所有同事都认为这是基因决定的，但我并不这么确定。然后，（在 1980 年）有一天我在看小鸡胚胎的照片时注意到，在孵化的最后几天，胚胎将头转向身体的左侧，这样它就遮住了左眼，但右眼没有遮住。这让我想到或许是光通过蛋壳和壳膜照射到眼睛而造成了视觉偏侧化。于是我比较了在黑暗中孵化的蛋与孵化的最后几天照射过光的蛋，证实了我的想法。之后，我甚至发现通过移动最后阶段的胚胎的头部让右眼被遮住，而左眼暴露在光线中，就可以反转偏侧化的方向。[39]

　　值得注意的是，在正常的胚胎发育期间，两只眼睛接受的光量的不同（左眼多而右眼少）决定了随后两只眼睛作用的不同。如果实验中让鸡蛋在完全黑暗的条件下（这样就没有胚胎的左右眼接收的光量差异）孵化，这样孵化出来的小鸡的双眼就没有作用上的区别。更重要的是，比起正常孵化的小鸡，黑暗中孵化出来的小鸡在同时执行两个任务（侦测捕食者和觅食）时能力较差。[40]

这一不寻常的发现有着重大而深远的意义，有些我们尚不了解。想象一个在洞中营巢的物种，通常巢处在完全黑暗的洞深处，但是偶尔巢可能在一个浅而充满光线的洞中。在第一种情况中，将不会有机会发展出偏侧化，而第二种情况会，这样就会使得第二种情况下的后代的质量更好，因为它们能力更强。如果确实是这样，许多鸟类行为和个性的个体差异将能够被归因于发育成长的不同环境。我们几乎可以推测鸟类会通过炫耀来展示自己的偏侧化，偏侧化程度越高，能力越强，也就有更好的伴侣。对于一个崭露头角的鸟类学家来说这将是多么好的研究项目啊！

对于我们人类来说，很难想象这种双眼作用的差异，但它可能以不同的方式出现在所有鸟类身上。再以家鸡的雏鸡为例，它们在靠近父母的时候使用左眼。黑翅长脚鹬的雄鸟向雌鸟表演求偶的时候，更多地选择左眼看到的雌鸟。弯嘴鸻分布在新西兰，它们的喙在鸟类中非常独特——弯向右边，它们用这个喙在石头中翻来翻去，搜寻无脊椎动物。这个弯曲的喙也是因为它们的右眼更适合近距离觅食或者左眼更适合发现潜在的捕食者，也许两者皆有。[i] 游隼在捕猎时，会以一个弧线冲向它们的猎物，而不是直线，主要也用它们的右眼。[41] 新喀鸦以能够制

---

i —— 译者注：这里有争议，一些鸟类学家认为弯嘴鸻的嘴主要是为了在卵石下方便取食，弯嘴鸻的一些照片和视频也显示它们在滩涂上取食时头向右弯，右眼朝上，这不符合作者的推断。

造工具闻名，它们用棕榈叶做成钩子。这种乌鸦在选取制造工具的叶子时有很大的个体差异，有的从叶子的左边取，有的从叶子右边。相应地，它们在使用这些工具从缝隙中钩取猎物的时候，也表现出个体的偏好，有的从它们的左侧，有的从它们的右侧，但是整个群体没有统一的左或者右的差异。[42]

上面的例子说明偏侧化是广泛存在的，自然我们会推测偏侧化有它特定的功能。事实确实如此。有趣的是，偏侧化的差异越大（无论是个体还是物种层面上），这些个体们越擅长于特定的任务。几个世纪以来，人们都知道鹦鹉偏好用特定侧的爪抓握食物或其他物体。而鹦鹉使用特定侧爪的偏好程度越大（左边还是右边无所谓），它们解决复杂问题的能力越强——比如向上拉垂下的绳子来得到在绳子末端奖励的食物。家鸡也是如此，偏侧化程度越高的，觅食（区分谷物种子和砾石）能力越强，也能够更灵敏地侦测天空中的捕食者。[43]

这一章的最后部分将讲到鸟类为什么以及如何能够在睡眠的时候还睁着一只眼睛观察环境。对鸟类这一能力的认识可以追溯到 14 世纪，杰弗里·乔叟在《坎特伯雷故事集》（*The Canterbury Tales*, 1386年）中写道："小鸟儿们……在夜间安眠，眼睛却睁开。"我们知道鸟类和海洋哺乳动物（需要回到海面上呼吸）能够睁着一只眼睛睡觉，我们人类显然没有这个能力。[44] 甚至不是所有鸟都可以这样，目前只知道鸣禽、鸭子、隼和鸥可以睡觉时睁着一只眼，相关的全面调查仍有待进行。最容易看得到的睁着一只眼睡觉的鸟是白天在城市水塘里的鸭子：它的头转向背后朝着翅膀（经常被错误地描述成"头埋在翅膀下面"），这时鸟的一只眼睛向里对着背部闭着，而另外一只眼睛向外不时睁开。

读者们大概已经猜到了，鸟睡觉时候右眼睁开，那么它的大脑右半球在休息。（因为右眼接收的信息在大脑左半球中处理，反之亦然。）能够睁着一只眼睛睡觉的能力在两种情况下是非常有用的。首先就是当有捕食者的时候。鸭子、鸡和鸥通常在地面上睡觉，因此可能遇到像狐狸这样的捕食者，所以睁着一只眼睛是必要的。一项对绿头鸭的研究表明睡在群体中央（相对安全的位置）的个体比睡在群体边缘（更容易被捕食的位置）的个体睁开一只眼睛的时间要少得多，而且睡在群体边缘的个体睁开的眼睛主要都朝着群体外侧——捕食者可能接近的方向。[45]

第二种相当有用的情况是当它们在飞行中睡觉时。鸟类可能会一边飞行一边睡觉的想法在过去听起来非常荒唐，但是鸟类学家戴维·拉克在研究普通雨燕时认为这不仅仅是一种可能性。他和其他一些人注意到这种雨燕在黄昏时高高地飞上天空，直到第二天早上才回来，由此推断它们一定可以在飞行中睡觉。更有说服力的是在第一次世界大战期间一位法国飞行员参加一次特殊的夜间行动后的报告，当时他在海拔约3千米的地方关掉引擎，让飞机向下滑翔穿越敌人的阵线："我们突然发现自己位于一群奇怪的鸟中间，这些鸟看起来一动不动……它们就拉开间距分散在飞机下面几米的地方，在一片白色的云海上面很明显。"值得一提的是，他们抓住了其中两只鸟，并鉴定为雨燕。当然，无论是赖克还是法国飞行员都没有注意这些睡觉的雨燕有没有睁着一只眼，但这是有可能的。然而对北美的灰翅鸥而言，有人观察到它们在飞向自己的栖木时只有一只眼睛睁着，据此推测它们在还没有回到栖木的时候已经睡着了。[46]

为了不让这一章以一个昏昏欲睡的故事结尾，我想最后再说一些更有激情的内容——一些以异常高速飞行的鸟类。想象一只俯冲而下的雨燕，或嗡嗡地从一朵花飞向另一朵花的蜂鸟，或者在枝条间穿梭抓捕猎物的雀鹰或纹腹鹰。像这样的高速运动需要大脑高速的反应，我经常好奇鸟类是如何做到的。也许我们不应该对鸟类有这样的能力太过于惊讶，因为昆虫的大脑很小，视力也不敏锐，但同样可以做得很好。

　　如果要想像蜂鸟或者鹰那样高速处理信息，尽可能达到这一点的办法就是让我们对时间的感觉变慢，这种感觉在濒死体验的时候会发生。在我野外工作的生涯中，有过几次濒死体验，我假设很多读者也像我一样发生过比如车祸，这种时候会有同样的感觉。当你踩下刹车，而车无助地滑向另一辆车或一棵树的时候，你会感觉就好像你的大脑把每一个细节和每一秒拉长，就像实际时间的十倍那样长。

　　濒死体验给我们提供了一个简单的方式，让我们想象一只快速飞行的鸟的感觉是什么样的。但心理学家们已经认识到，在濒死状况下时间变慢的感觉是一种错觉。我们的记忆有一个怪癖：对于恐怖的事情我们会对每一个细节记得很清楚，所以在事发**过后**我们会认为那个时候时间变慢了。当然，对于蜂鸟或鹰类来说，这种体验是即时的。[47]

乌林鸮有着巨大的面盘来收集声音。

小图是棕榈鬼鸮十分不对称的头骨。它的耳朵和乌林鸮一样，也是不对称的。

毫无疑问，鸟类的听力是高度发达的，它们不仅仅能够感知声音，还能够区分和理解音调、音符、旋律和音乐。

——阿尔弗雷德·牛顿，1896 年,《鸟类词典》，A&C BLACK 出版公司

这是一个奇怪的地方：黑暗、潮湿，在英国人看来算是出奇地偏远。夜空的地平线被彼得伯勒和威斯贝奇的城市之光染成一抹橙色，而不远处一个亮着灯光的砖厂烟囱向云端喷出炙热的烟柱。在平台上，我看着偶尔一辆车的灯光沿着安静的乡村公路前进，没有什么特别的景色。这个地方的趣味在于，在黑色的草甸中，不断传来长脚秧鸡重复而单调粗哑的"咔、咔"[i] 的叫声。听起来，有一只鸟距离很近，另外一只则有一些距离。但是这很难说，因为这种叫声就像腹语一样：声音有时候大，有时候很小，这取决于秧鸡面对哪个方向。

雄鸟希望用这种像机械摩擦般的叫声警告其他的雄鸟，同时吸引雌鸟。这种比鸫大不了多少的鸟类可以在整个繁殖季节都生活在这里却不被人看到，只有叫声显示它的存在。

我向宁河谷沼泽保护区的方向看去，看到一幢房子的卧室里亮着

---

i —— 译者注：原文的叫声表为"crex、crex"，此处有双关的含义，因为长脚秧鸡的学名为 *Crex crex*。

鸟的感官

灯，窗口敞开着。我想象那里的人躺在床上听着长脚秧鸡的叫声：这令人欣慰的叫声重新出现，不知道听到的人能不能意识到这些叫声意味着什么？

在这片沼泽被聪明的荷兰工程师设计的排水系统排干之前，这里的长脚秧鸡种群曾经非常兴旺。在那个时候，这里是一片巨大的湿地，生活着昆虫、鸟类和其他野生动物。即使在现在，经过英国皇家鸟类保护协会和其他组织修复重建之后，宁河谷沼泽依然保存了一些特别的鸟类，包括斑胸田鸡、灰鹤、黑尾塍鹬、流苏鹬和扇尾沙锥。

一场倾盆大雨后，齐腰深的草很湿，我们艰难地在其中前进，滞重的空气中混着水薄荷的气味。一只长脚秧鸡在附近叫，至少听起来很近。"这里！"里斯说，"我们在这里设网。"我们戴着光线柔和的头灯，安安静静地设置了一个20米长的雾网。长脚秧鸡像一个奇怪的发条玩具一样继续"咔、咔"地叫着，显然没有注意到我们的努力工作。里斯带着一台为防潮而用塑料袋草草包裹着的录音机，站在网的后面，与秧鸡保持在一条线上。我带着我的录音机爬到鸟和网的中间，万一它为了与听觉上的入侵者对峙而飞越过网，我还可以再用叫声把它吸引回来。

里斯是英国皇家鸟类保护协会长脚秧鸡保护项目的工作人员，这些年来，他关注着几个物种在英格兰这个区域的重新引入。我们是老朋友了，第一次和他见面是1971年在一次学生鸟类学会议上。从里斯的录音机里爆出音质粗糙、几乎震耳欲聋的长脚秧鸡的叫声：这是白天在别处录的，在嘈杂的"咔、咔"声中，还混着一只云雀的啭鸣。

这个叫声连续不断，像是无尽的循环，就好像在鸟的大脑里有个程序在运转。我无法想象那只真鸟的脑袋是如何这样不停运转的，但是叫声突然停止了。头顶上有一个几乎听不到的鼓翼声，那只鸟飞起来冲向"入侵者"。然后它撞网了。"好！"里斯大喊，我们立刻前去把鸟取出来。走到网的里面，我看到那只鸟已经有了环志。这只鸟实际上是今年早些时候放到这边的一些人工饲养的长脚秧鸡中的一只。我们看着手中这只美丽的鸟，它的身上分布着黄褐色和灰色。它的身体很窄，头部呈楔形，这是为了方便它在草丛中穿梭。在快速地为它检查并称重后，我们将它放了回去，然后走回我们的车。

　　我们开车走的这条路坑坑洼洼，不时还要绕开一些巨大的水坑，然后又停了下来，再次打开车窗听外面的声音。"这里有一只。"里斯说。我们带着网穿过湿漉漉的田野，向声音的方向走去。还是和之前一样，我在鸟和网中间等待着。随着磁带的转动，挑衅的叫声在这片开阔潮湿的环境中传播开来。这片领域的所有者继续发出粗哑的叫声。磁带在持续不断，那只鸟也在持续不断：我想这下陷入僵局了。躺在草地上很不舒服，尖尖的叶子挠着我的鼻子、脖子和脸。但是我不敢动。那只鸟停止叫了。它放弃了吗？还是被声音更大的竞争对手打败了？突然我听到草地里传来一个声音，听起来像是远处的牛的脚步。然后又停止了。是我的错觉？我不确定。那个沙沙声又出现了，我意识到是那只长脚秧鸡正朝我走来。难以置信，那只鸟离我几乎只有几厘米远，但我完全看不见它，它又开始叫了。在这么近的距离内，它的"咔、咔"的叫声充满力量，甚至比磁带放出的声音都响。然后它又开始移动，非常近。在泛着微光的夜空下，我能看到草穗在颤动。突然就在它从我的脸前面走过去的时候，随着一阵慌张的翅膀扇动，它飞到空中，撞到网上。

"好！"里斯大喊，让发愣的我回过神来，继续给鸟做环志。这只鸟没有被环志过，因此它是完全野生的，这证明了人工繁育的长脚秧鸡发挥了作用，成功地吸引了迁徙的长脚秧鸡。它在我们手中没有挣扎，安安静静。在几分钟的操作中，只有我们的头灯对它比较刺眼。然后它被轻轻地放回我们第一次听到它叫声的地方。一分钟后，我们根据那磁带般循环的叫声知道它已经走开，继续不停地追求吸引雌鸟去了。

我后来发现，在离那只长脚秧鸡很近的地方的时候，它的叫声大约有 100 分贝。而在那样的距离，我们正常谈话的声音只有 70 分贝；一台随身听的最大音量大概是 105 分贝，一辆救护车上警报器的音量大概是 150 分贝。在距离长脚秧鸡叫声那么近的地方待上 15 分钟，对我的耳朵肯定有损害。

那叫声难道对长脚秧鸡的耳朵没有损害吗？毕竟长脚秧鸡离自己的叫声比我更近。答案是鸟类具备一种对自己的叫声的反射能力，这种能力能够减弱传到耳朵里的音量。这种听觉反应的极端例子大概是西方松鸡，这种火鸡大小的鸟被视为狩猎的对象，雄性会表演一种特别嘈杂的求偶舞蹈。对于这种鸟，19 世纪的鸟类学家阿尔弗雷德·牛顿曾经写道："众所周知，雄松鸡在狂热的发情表演的最后几秒钟里，对外界的声音是完全听不见的。"[1] 根据德国鸟类学家们在 19 世纪 80 年代所做的关于内在机理的研究，雄性松鸡暂时性耳聋的现象是由于在它鸣叫的时候，外耳被一个皮瓣堵住了几秒钟。随后对更多鸟种的一系列研究表明，鸟类在张开嘴鸣叫时，会改变鼓膜的张力，从而减弱听觉能力。[2]

长脚秧鸡的叫声虽然机械而单调，但和雀形目鸟类的鸣唱有同样的作用：发出一个远距离的信号，让其他雄鸟离这里远点，同时吸引雌鸟过来。这距离确实很远，长脚秧鸡粗哑的叫声在约 1.5 千米外还可以听到。尽管这距离很惊人，但不是传得最远的。而声音传播得最远的两种鸟，有时候人们可以在四五千米之外听到它们低沉而洪亮的叫声。

第一种是大麻鳽，17 世纪中期住在莱茵河畔的渔民兼博物学家莱纳德·鲍德纳对此有过细致的描述。鲍德纳记录道：大麻鳽在发出洪亮的嗡鸣声时，头仰得高高的，嘴是闭着的。这只鸟"内脏中长长的胃有五肘长"。这里所提到的是大麻鳽发声时起作用的膨大食道。[3]

第二种是鸮鹦鹉，这是一种生活在新西兰的不会飞的巨大鹦鹉。在第一批欧洲殖民者到来的时候，毛利人对它响亮的声音已经很熟悉："在夜里……这种鸟出来并聚集……在它们的会场或是运动场……都聚集到位以后，每只鸟……会参加一种奇怪的表演，在地上拍打它的翅膀，发出怪异的尖叫声，同时用它的嘴在地上刨出一个洞。"[4] 理查德·亨利在 1903 年写道："我想好像是雄鸟占据这些坑，然后膨胀它们的气囊，开始它们迷人的爱之歌；那些雌鸟……喜爱这些音乐……过来看表演。"[5] 通过夜视仪观察，新西兰保护鸮鹦鹉的英雄唐·莫顿确认了雄鸟在发出响亮的嗡鸣的时候，身体几乎呈一个球形。[6] 与长脚秧鸡或其他大多数的鸟主要靠鸣管（或喉部）来发声宣告它的存在不同，大麻鳽和鸮鹦鹉是用食道吞入很多空气，然后打嗝释放这些空气，发出嗡鸣声。

长脚秧鸡、大麻鳽和鸮鹦鹉都主要是夜行性的，而且都隐秘地生活在茂密的植被中，它们都要依靠洪亮的叫声来宣示它们的存在并用听觉来探知其他个体的存在。

鸟的感官

当然，远距离的沟通并不仅限于夜行性的鸟；大多数小型鸟类通过鸣唱来向其他可能的领域入侵者或者可能的配偶宣示自己的存在，它的歌声传播得越远越好。夜莺[i]是鸣唱最响亮的鸣禽之一，在意大利树林茂密的小山坡上，我曾经躺在一张小床上几乎一整夜不睡觉加上早餐时间一直都在听一只雄性夜莺在我的卧室窗口"演奏"小夜曲。它的声音之洪亮让我感觉到歌声在我的胸腔中共鸣! 实验室的研究表示，夜莺的鸣唱音量大概在 90 分贝! [7]

如果我们想知道一个人可以听到什么，直接问他就好了。但是想知道鸟类能听到什么，我们需要用另外一种截然不同的方式来"问"。最常用的方式是考察它们对声音的行为反应，最典型的是用笼养鸟如斑胸草雀、金丝雀和虎皮鹦鹉作为其他鸟类的"模型"。这类研究包括训练鸟在听到一个特定的声音时做一个简单的任务——比如啄一个键——作为响应，然后得到食物作为奖励。如果被试鸟类一致做出响应完成这个任务，那就假定它们可以听到这个声音，或可以从不同的声音中将目标声音辨别出来（反之亦然）。

这么说起来进行鸟类的听觉研究好像颇为简单，但实际上我们对它们听觉的了解远远不如对它们视觉的了解。这部分是因为鸟类没有耳廓并且（和大部分脊椎动物一样）耳部最重要的部分都在头骨深处。但也许最重要的是人们对视觉的兴趣远比对听觉的兴趣大。在 17 世纪70 年代，约翰·雷和弗朗西斯·威洛比撰写他们开拓性的《鸟类学》的时候，人们对鸟类耳部的构造几乎还一无所知。甚至对于 18、19 世纪

---

i —— 译者注：中文名为新疆歌鸲，通称夜莺，分布区从欧洲到亚洲中部，可达新疆，在西非越冬。

的伟大解剖学家们而言，对内耳的解剖都是巨大的挑战。

最早对人类耳朵进行的严肃探究是由16世纪和17世纪的意大利解剖学家完成的。加布里埃尔·法罗皮奥——雌性哺乳动物生殖系统的法罗皮奥氏管（即输卵管，Fallopian tube）就是以他的姓氏命名——于1561年在内耳中发现了半规管。巴托罗梅奥·欧斯塔基奥——咽鼓管（Eustachian tube，又名欧氏管）就是以他的姓氏命名——于1563年发现了中耳（古希腊人已经知道了耳蜗的存在）。朱利奥·卡塞纽斯于1660年在狗鱼的内耳中也发现了半规管，并且发现鸟类（雁）的中耳只有一块听小骨（不是像人类那样有三块）。法国解剖学家克劳德·佩劳最先描述了鸟类的内耳。他的发现源于对巴黎动物园里一只死去的凤冠雉的解剖，这种火鸡大小的鸟来自于热带南美洲。[8]

以上只是对耳朵的构造进行描述。人们探究耳朵如何运作则花了更久的时间。甚至到了20世纪40年代，剑桥大学的讲师杰里·庞弗雷在1948年一段简短而富有前瞻性的关于鸟类感官的概述中总结道："将会注意到的是，我们对鸟类眼睛的了解已经能足够合理地推测它的性能以及它在鸟类行为中的作用，但对鸟类耳部的了解远远没有……鸟的耳部（和鸟类听觉）是实验和观测上最有前途和目前最被忽视的领域。"[9]

自20世纪40年代开始，人们对鸟类的听觉能力越来越感兴趣，主要动力在于鸟类鸣唱研究领域的迅猛进展，特别是作为学习过程和了解人类语言形成的一般模型。曾经人们认为儿童可以学习他们接触到的任何语言，因为他们的生命刚刚开始，就像一张白纸。对鸟类鸣唱的研究改变了这种看法，尽管幼年的鸣禽有能力学习它们听到的几乎所有

鸟的感官

鸣唱声,但实际上有一个遗传的模板规定了它们能学习什么以及如何鸣唱出来。对鸟类鸣唱形成的研究有力地证明了在先天遗传与后天学习之间没有严格界限:无论是鸟类还是婴儿,基因和学习都是相互紧密相连的。通过对鸟类鸣唱的神经生物学研究,我们开始意识到人类的大脑有巨大的潜力,能够自我重新组织并形成新的联系以对特定的信号做出响应。[10]

无论是鸟类还是包括人类在内的哺乳动物,耳朵都包含三个部分:外耳、中耳和内耳。外耳包括外耳道(大多数哺乳动物还有一个耳廓)。中耳包括鼓膜和一个或三个听小骨。内耳包含一个充满液体的耳蜗。声音(技术上说应该是声压)从环境中传来,通过外耳沿着耳道到达鼓膜,然后通过听小骨到内耳造成里面的液体振动。振动导致耳蜗里微小的毛细胞感受并传递信号到听觉神经,然后传递到大脑,大脑对信号进行解码,翻译成"声音"。

人类的耳朵和鸟类的耳朵有四个主要的不同。第一个也是最明显的,鸟类没有突出在外面的耳,也就是耳廓——一个由皮肤覆盖着软骨的结构,也就是我们通常叫作"耳朵"的部分。[11]鸟类耳的位置通常并不明显,因为除了少数种类,鸟类的耳的外面都由被称为耳羽的羽毛覆盖。鸟类的耳道开口位于眼睛后面略低的位置,大概和我们人类的相同。如果你观察头部羽毛稀疏的鸟,就很容易看到它的耳在哪里,例如几维鸟或者非洲鸵鸟,或是头部裸露的新大陆兀鹫如神鹫,或者裸颈果伞鸟——正如名字所示的那样。[12]

那些头部有羽毛覆盖的鸟的耳羽往往与周围的羽毛不同,更加光滑闪亮,这样的耳羽大概可以保证在飞行中经过耳的气流平稳,或者滤去经过耳部的风的声音以增强听力。[13]海鸟的耳羽可以在它们潜水的时候防止水进入耳道，尤其对于像王企鹅这样的鸟来说，它们要潜入几百米深的水中，那里的水压相当大。事实上，王企鹅的耳有一系列结构和生理上的适应机制来应对潜入深海带来的各种问题。[14]对于几维鸟来说，这种对耳道的额外保护的好处就更加明显。我在新西兰抓过的几只几维鸟都有蜱嵌在耳孔处。后来我怀疑这些蜱是不是相对近期由人带入的家养动物和它们的寄生虫入侵的讨厌副产品，但我看到的几维鸟身上的蜱好像是新西兰的本地物种，看来几维鸟已经对付这种麻烦很长时间了。[15]

1713 年，约翰·雷的同事威廉·德勒姆记录过："鸟类缺少外耳壳或者耳廓，因为它们在空气中穿过时会有阻力。"对于德勒姆来说，有机体的设计（比如缺少耳廓）与生存方式（飞行）的完美契合是神的智慧的证据。用今天的术语说，这不过是一种对飞行的适应。我们不确定缺少耳廓是否是对飞行的适应，因为鸟类的爬行动物祖先也没有耳廓，所以哺乳动物耳廓的演化可能是这一夜行性群体对需要增强听力的适应。很明显的是，耳廓的存在并没有阻碍飞行，许多种类的蝙蝠都有巨大的突出的耳朵（当然，我知道蝙蝠不会像鸟飞得那么快）。从另外一个方面来看，15 个科的不会飞的鸟也都没有突出的耳朵；最原始的鸟类也没有这样的结构。因此，我的猜测是鸟类缺乏耳廓是从祖先那里继承来的，而不是对飞行的适应。[16]

我们人类的耳廓的优点非常明显。把我们的手圈成杯状贴在耳朵上来增加我们耳廓的有效尺寸，效果就非常显著。同样的道理，在对鸟的鸣声（或其他任何声音）录音的时候，装在麦克风上的抛物面反射器

鸟的感官

就会增加收集到的音量。而缺少耳廓也一定会有潜在的明显影响，不仅对鸟类的听力，也对鸟类对特定声源的精确定位能力有影响。但正如我们之后会讲到的，鸟类演化出其他方式来实现类似的效果。

鸟类的耳与包括人类在内的哺乳动物的第二个不同是，哺乳动物的中耳有三块听小骨，而鸟类和爬行动物都只有一块，这再次反映了鸟类和爬行动物的演化渊源。[17]

第三个不同是内耳——耳的功能中枢。内耳是被骨包围的，以此受到保护，它包括半规管（与平衡能力有关，我们在此暂不讨论）和耳蜗。哺乳动物的耳蜗是一个螺旋形的结构（耳蜗的名称 cochlea 在拉丁语里意为蜗牛，因此这个结构被称为耳蜗），而鸟类的耳蜗是直的或者像香蕉那样稍有弯曲。充满液体的耳蜗里，有一个沿着耳蜗纵向的膜——基底膜（basilar membrane），上面有许多微小的毛细胞。毛细胞对于任何类型的振动都很敏感。当有声音时，会产生一个压力波，沿着外耳耳道进入直到冲击鼓膜。这会导致中耳的听小骨振动，听小骨转而将振动传送到内耳的起始部位，然后到达耳蜗。耳蜗内的液体会出现压力波导致毛细胞的听纤毛弯曲，毛细胞会向大脑发出信号。不同频率的声音——我马上会讲到——到达耳蜗的不同部分，刺激不同的毛细胞。高频声音导致基底膜的底部振动，而低频声音导致基底膜的远端振动。

哺乳动物耳蜗的卷曲使得在小空间内耳蜗的长度可以更长，哺乳动物的耳蜗也确实比大部分鸟的更长：小鼠的耳蜗有大约 7 毫米，而差不多大小的金丝雀的耳蜗只有 2 毫米。对于这种差异，一个可能的解释是卷曲的耳蜗增强了感知低频声音的能力，而许多大型兽类都会发出低频声音。[18]

才华出众的瑞典科学家古斯塔夫·雷济厄斯（1842 年 ~1919 年）是鸟类内耳研究的先驱之一，在与报业巨头的女儿安娜·雅塔结婚之后，他获得了财务自由，几乎可以完全自由地从事他的各种研究，从精子细胞的设计到诗歌和人类学。而他对神经系统和内耳结构的研究是他最有名的成果。雷济厄斯最先提供了包括几种鸟类在内的一系列动物物种的内耳比较资料并绘制了精美的图片。可怜的雷济厄斯！他获得诺贝尔奖提名不下 12 次，但却从来没能最终得奖。后来杰里·庞弗雷在 20 世纪 40 年代整理人们关于鸟类感官的知识时，很好地发挥了雷济厄斯精细记录的资料的作用。他根据耳蜗的长度推测鸟的听力并分成几个组：特别长（雕鸮）；长（鸫和鸠鸽）；中等（麦鸡、丘鹬和星鸦）；短（鸡）；非常短（雁、海雕）。庞弗雷写道："如果我们不考虑鸮类，差不多可以设想耳蜗的长度和音乐能力的关联。"他的想法并不荒谬。我们现在知道，首先，鸮类的耳和听力与其他大多数鸟不同，其次，如果我们将"乐感"解释为"察觉和分辨声音的能力"，那么庞弗雷的推测是非常正确的。[19]

得益于我们对耳蜗尺寸和听觉能力的更多了解，现在很明显耳蜗（特别是在其中的基底膜）的长度是鸟类对声音敏感度的合理指标。正如其他器官（大脑、心脏、脾脏）一样，越大的鸟有越大的耳蜗。而此外，较大的鸟也对低频声音更敏感，而小鸟对高频声音更敏感。

我们用一些数据来让大家更加清楚地认识这一模式——我们只需要 5 种鸟的数据：斑胸草雀（体重大概 15 克），基底膜长度大概 1.6 毫米；虎皮鹦鹉（40 克），2.1 毫米；鸽子（500 克），3.1 毫米；鲣鸟（2.5

千克），4.4 毫米；鸸鹋（60 千克），5.5 毫米。这种关系的存在可以让研究者通过耳蜗的长度推测一只鸟对特定的声音有多敏感。事实上，这正是生物学家们最近在做的：通过对已经灭绝的始祖鸟的头骨做功能磁共振成像而得到它内耳的尺寸，并推断出始祖鸟的听觉大概与现今的鸸鹋相当——听觉水平相当不怎么样。[20]

鸮类是特例。较之于它们的体形，它们的耳蜗相当大，也包含数量非常多的毛细胞。以仓鸮为例，它体重大概 370 克，有一个相对非常大的基底膜：长达 9 毫米，包含大概 16300 个毛细胞，比按照它体形推测的毛细胞数量的 3 倍还多。这也让它拥有格外出色的听觉。

第四点，鸟类耳蜗的毛细胞会定期更换，而哺乳动物的不会。那只长脚秧鸡在距离我的耳朵那么近的地方持续不断地叫，而我还傻傻地继续躺在那儿，最后它的叫声肯定对我的耳朵和听觉造成了不可修复的损害。内耳中负责感受声音的毛细胞非常复杂和精细，太大的噪音很容易对它们造成损害。我们的听觉系统是非常敏锐的。事实上，如果能再敏锐一点点，我们就能够听到我们的血液流经大脑的声音。摇滚乐手和他们的粉丝都知道他们的耳朵接触太大的噪声会引发的长期损害。损害的毛细胞不会被替换，这就是为什么我们年纪越大越难以察觉到高频声音。我知道许多超过 50 岁的观鸟者无法听到戴菊尖锐的鸣唱声，或者在美洲的观鸟者无法听到黑喉绿林莺和橙胸林莺的鸣唱。不仅仅是衰老的摇滚歌手，《塞尔伯恩的博物志》（*The Natural History of Selborne*, 1789 年）的作者吉尔伯特·怀特在还不算老的年纪（54 岁）叹惜道："频繁出现的耳聋让我感觉很难过，作为一个博物学家我等于是失去了一半的能力。"[21]

鸟类不同，它们的毛细胞**会**更新。鸟类也似乎比我们更能忍耐响亮的声音产生的损害。目前这是一个热门的研究领域，因为如果我们可以应用像鸟类更新它们毛细胞那样的机制，就有可能找到治愈人类耳聋的方法。目前这个目标还遥不可及，但研究人员在他们孜孜不倦的研究中，已经对听觉有了大量的发现，包括其遗传基础。[22]

第五点，想象一下，如果每年冬天，我们识别电话里的声音的能力消失了，那会是什么样子？不方便？按照我们的生活习惯，这毫无疑问。然而鸟的听力在全年中确实有波动。

鸟类学中有一个重大发现，即在温带地区的鸟类内部器官会有巨大的季节性变化。其中变化最明显的器官是生殖腺。以雄性家麻雀为例，在冬天，它们的精巢非常小，并不比针头大，但是在繁殖季节，精巢会膨胀到黄豆粒大小。这相当于人类的睾丸在繁殖季节以外只有苹果核大小。雌性家麻雀也有类似的季节性变化。在冬天的时候，输卵管只不过是一条线状的组织，而在繁殖季节，会变成粗壮的真正可以输卵的肌肉管道。

这种效应是由日照长度变化引起的，日照延长会刺激大脑分泌激素，进而使得生殖腺本身分泌激素。激素又转而引发雄性鸣唱。或许在鸟类器官季节性改变的研究中影响最深远的是 20 世纪 70 年代发现鸟类的大脑也会在一年中有大小的改变。这完全是出乎意料的，因为传统的认识是，脑组织和神经细胞是"天生"的——从出生一直跟随到死亡。我们认为这对于鸟类也是完全一样的。现实并非如此，而这一点对于神经生物学和鸣唱学习的研究而言是革命性的。令人振奋的是，这项研究有可能为像阿尔茨海默病这样的神经退行性疾病提供一种治疗的

　　　　　　　　　　　　　　　　　　鸟的感官

方法。

　　雄鸟大脑中控制鸣唱行为获得和表达的中枢会在繁殖季节结束的时候萎缩，到第二年春天再生长。大脑的运转代价巨大——人类大脑运行所消耗的能量大概是其他任何器官的 10 倍，因此对于鸟类来说，在一年中的特定时间关闭大脑中不需要的那个部分是明智的节能策略。温带的鸟类通常主要在春天鸣唱，当雄鸟建立它的领域的时候，用鸣唱来捍卫领域；当它遇到配偶的时候，用鸣唱来吸引对方。少数几种温带鸟类，如河乌和鸫，在冬末建立它们的领域，而新年年初就开始鸣唱。这些鸣禽的听力也是在一年中鸣唱最重要的时间最敏感。

　　这是有意义的。如果鸣唱主要是春季的大事，那么鸟类在这个时段增强听力就有它的优势。举例来说，雄鸟需要能区分相邻区域的雄鸟和非相邻区域的雄鸟——后者会造成更大威胁；而雌鸟需要能通过听鸣唱来区分出多个潜在配偶的优劣。对三种北美洲鸣禽——黑顶山雀、美洲凤头山雀和白胸鸫——的研究表明，听觉的敏锐度（察觉到声音的能力）和处理能力（解译声音的能力）都有季节性变化。[23] 开展这项研究的杰夫·卢卡斯比喻，如果这三个物种在听一场音乐会：

> 黑顶山雀在繁殖季节的声音处理能力飞速增长，所以在这个时期对它们来说，演奏听起来更悦耳。美洲凤头山雀对声音的处理能力没有变化，但是它们对声音的敏锐度变化了，所以演奏对它们来说不是变得更好听，而是声音更大。白胸鸫则增加了窄带处理能力，对 2 千赫的音调加强处理。所以对它们而言，当乐团在演奏 C7 或 B6 音高时，听起来会很悦耳，而乐器的音色并不会更加令它享受。

可能让大家觉得惊讶的是，人——至少女性——也会经历听觉的可预期的规律性变化。这里雌激素起到关键作用：当雌激素的水平比较高的时候，男性的声音听起来更丰富。这种效果非常微妙，大部分女性都不会察觉，但尽管如此，这可能在配偶选择中有重要的作用。[24]

从大麻鸦的低音嗡鸣到戴菊的高音清脆，鸟类的叫声多种多样。声音的频率（或音高）是由赫兹来衡量的，赫兹表明任何单位时间内经过的声波的数量，通常表达成千赫兹，简称千赫。大麻鸦的嗡鸣的声波大概是每秒 200 个周期，或者说 200 赫兹，或 0.2 千赫。与之对比，戴菊的鸣唱声音的频率大概是 9 千赫。这二者基本位于鸟类鸣声频谱的两端。正如我们可以预料的，鸟类发出的叫声的频率与它们的听觉匹配得非常好，更确切地说，它们对这样频率的声音最敏感。人类的听觉对大约 4 千赫的声音最敏感，但我们可以听到从最低 2 千赫到最高 20 千赫的声音——这是人类年轻时候的听觉范围。鸟类则对 2 到 4 千赫的声音最敏感，大部分种类的听觉范围在 0.5 到 6 千赫。[25]

人类和鸟类的听力通常可以绘制成"听力图"或"听力曲线"。这是对动物在听觉范围内不同音频可以听到的最小音量的图像化表现。它是以音频（以千赫为单位）为横坐标、以音量为纵坐标绘制的曲线图。这个曲线图是 U 形的，这表明无论是鸟类还是人类，可以听到的最轻的声音都在中间的频率范围；对我们来说，更高或者更低频率的声音都需要更大声才能听到。人类和大多数鸟类的听力图非常相似，但人类在中到低频率的听力更好。鸮类的听力比大多数鸟类（以及人类）都更好，它们可以听到非常微弱的声音；相对于其他鸟来说，鸣禽对高频

鸟的感官

声音的听力更好。尽管人们只对为数不多的鸟类做过测试，但是看起来大概大麻鳽有着对低频声音最敏感的听力，而对高频声音最敏感的是戴菊。

鸟类用听觉来侦测潜在的捕食者、觅食以及识别同种个体和其他种类的个体。要做到这些，就需要能够确定特定的声音是从哪里来的；能够从其他鸟和环境发出的"背景"噪音中区分出有价值的声音；能够区分相似的声音，这点很像我们可以识别不同人的声音。

想象你孤身一人在一个黑暗而陌生的地方，并且不能确定自己是否安全。突然有个奇怪的声音，或许是踩在碎石上的脚步声……但是你不清楚这声音是从哪个方向来的。是在你后面、前面，还是在一侧呢？如果你准备快速逃离，那确切地知道潜在危险的声音是从哪个方向传来的就非常重要。不能定位一个声音，尤其是在危险的情况下，是最令人不安的一种感觉。我们通常可以很好地定位声音，当然，如果不是在黑暗中，我们还会用视线观察并找出声音的确切来源。

我们通过不自觉地比较声音抵达我们耳朵的时间差异来定位声音。我们的头部足够大，我们的耳朵分开得足够远，可以让声音抵达我们耳朵的时间有微小的差别。在零海拔的干冷空气中，声音传播的速度为340 米 / 秒，这意味着声音传到我们两个耳朵的最大时间差为 0.5 毫秒。如果我们两个耳朵听到声音没有时间差别，那么我们可以判断声音是从正前方或者正后方传来的。鸟类的头部比我们的小，一些鸟如蜂鸟、戴菊尤其如此，这意味着在同样的条件下它们很难定位声音。事实上，因为两耳之间的距离只有 1 厘米，声音到达两只耳朵的时间差不超过 35 微秒。小鸟解决这个问题的办法有两个：第一，比我们更频繁地移动头部，这等于有效增加两耳间的距离，让它们能够区分出时间差；第二，通过比较到达每只耳朵的声音**音量**的微小差别。

声音的类型同样影响辨别其来源的难易，鸟类也将这点利用到它们的沟通中。人们很早就知道，像鸫或者美洲的山雀这样的鸟发现捕食者，比如一只鹰在头顶上飞时，它们会发出一种音调很高的"咝"的鸣声。高达 8 千赫的频率使得这种叫声对于捕食者来说是听不见的（大部分捕食者都比它们的猎物体形要大，而体形较大的鸟的听觉对于较高频率的声音要迟钝一些）。这些报警的鸣声，起始和结束都非常细微，因此特别难以被定位，这样的鸣声结构正是那些不想引起注意的发声者发出的信号。相反，同样是这些鸟，当发现一只在栖枝上休息的鸮的时候，它们发出一种完全不同类型的鸣声，一种刺耳、震颤的声音。更容易被定位，就是它们的主要目的。当鸣禽发现一只并未捕猎的捕食者时，它们希望引起对捕食者更多的注意，召唤更多的鸣禽聚集来一起将捕食者赶走。有趣的一点是，很多鸟类的这两种鸣声听起来非常相似。[26]

伟大的法国博物学家乔治－路易·勒克莱尔，即布丰伯爵，在他 18 世纪中期的《鸟类志》中提到鸮类："（它们的）听觉……似乎优于其他鸟类，或许也优于任何哺乳动物；比例上说，耳的鼓膜比四足动物的更大，此外，它们可以随意开启或关闭这个器官，这是其他动物没有的能力。"布丰在这里提到了某些种类的猫头鹰具有巨大的耳孔，比如我曾经看过的一只乌林鸮，耳孔的大小几乎是整个头骨的高度。

乌林鸮的大个子可以说是一种错觉：它特别蓬松的羽毛让它看起来特别大。而实际上，它是穿着一件巨大羽绒外套的小个子。我曾经查看过一只笼养的乌林鸮，它躺在主人的怀里像是一个睁大眼睛的婴儿。我小心地摸了它一圈，不敢相信它的羽毛这么厚，而头骨这么小。足足有 10 厘米的羽毛使得它们的头看起来很大。围绕着每只眼睛的面盘的最外围是一圈茶色的羽毛，很容易看出在这圈羽毛后缘的缝隙中就是耳孔。轻轻掀起一边的羽毛，就露出耳孔了。它的耳孔很大，从上到下大概有 4 厘米，而且十分复杂；耳孔由一个可以活动的"盖板"遮盖，边缘是一圈特别的羽毛。在耳孔的前缘，从上到下长着一排栅栏状有着坚硬羽轴的羽毛，而"盖板"的后缘有一排精致的丝状羽毛，这排羽毛的后面是一个由密集的羽毛形成的板，让我想起由剑组成的罗马方阵。耳孔本身很大，皮肤松垂，有点像一个邋遢的人的耳朵。我转向另一边的耳朵，尽管我知道这种鸟的耳朵是不对称的，但不对称的程度还是让我吃惊。看这只鸟的正面，右耳的位置在眼睛的平行线下面 7 点钟的方向，而左耳在 2 点钟的方向。这只鸟头部的羽毛形成了巨大的反射镜形状的面盘，用来将声音导入耳孔中。

在 20 世纪 40 年代，克拉伦斯·泰伦在一个下午遇到过一只乌林鸮正在蒙大拿的森林中捕猎。那只鸟站在离地面大概 4 米高的一根树枝的末端：

> 在几分钟之内，它从那树枝向下扑了三次，但都没有抓到东西。第四次的时候，它以相当大的力量冲向地面……然后爪子抓着一只死掉的囊鼠飞走了。大概那只乌林鸮在扑下来前就通过听到的声音知道，有只囊鼠在下面挖洞。经过对那个地方的查看，发现那只乌林鸮已经抓破了囊鼠地穴中一条觅食通道的薄薄的顶层。[27]

后来其他人的一些观察也显示，乌林鸮用同样的方法来捕捉积雪下面的啮齿动物——完全依靠声音：

> 观察、聆听，乌林鸮将头从一侧转向另一侧，偶尔又专心地注视地面。一旦发现猎物，乌林鸮扑下来，好像要用头撞击积雪，但在最后一刻，将双爪向前伸到下颌下面，抓住猎物。[28]

能够仅仅凭声音捕猎，乌林鸮必须拥有非常敏锐的听觉，但是它们也同样需要非常精确地定位声音来源——无论是水平还是垂直方向。它们通过一套非凡的听觉适应性特征来做到这点：包括每一侧的面盘像巨大的耳廓那样将声音聚集到隐藏的耳孔中。早期的博物学家，包括约翰·雷和弗朗西斯·威洛比在 17 世纪 70 年代对仓鸮眼睛的描述中提道："凹陷在（盘状羽毛）中间，因为它是一个坑谷的底部。"雷和威洛比没有认识到，每一边面盘上的凹陷，不但通过聚拢增强了音效，也增强了鸟类定位声音的能力。三个世纪以来，随着对这方面知识的积累，研究鸮类听力的小西正一写道："当人们看到面盘的整体设计，不由得不想到声音收集装置。"[29]

第二个适应自从中世纪起就已经为人知晓，就是像乌林鸮这样的鸟类拥有相对巨大的耳（孔）。"耳"这个词在这里可能会被混淆，一些鸮类好像是有"耳"的，如美洲雕鸮、长耳鸮和短耳鸮在头顶上有看上去很像耳朵的羽毛，但是和听觉没有任何关系。我指的是真正的耳孔，就像乌林鸮的那样，也是不对称的，一个比另外一个位置高。许多鸮类拥有不对称的耳孔，而其中的大部分只是外耳的软组织不对称，但是对于鬼鸮、棕榈鬼鸮、长尾林鸮和乌林鸮来说，头骨也是不对称的，虽然每只耳朵的内部结构是一样的。

　　直到20世纪40年代人们才认识到这一特征的意义，当时杰里·庞弗雷指出不对称的耳朵使鸮类更容易定位声源。在20世纪60年代，纽约动物学会（现在的WCS野生动物保护协会）的罗杰·佩恩（后来以对鲸的歌声的研究而闻名）为了证实这一点，将笼养的仓鸮关在完全黑暗的房间中，进行了一项巧妙的实验：将仓鸮在减弱光线的房子里连续关了几天，通过红外光（鸮类看不见红外光）对其进行观察。它们可以在完全黑暗的环境中，仅仅通过听小鼠在覆盖着叶子的地面上发出的沙沙声，就能够追踪并抓住小鼠。为了确定鸮类追踪的目标是什么，佩恩设计了一项实验：在房间的地面铺上一层泡沫橡胶，然后在老鼠尾巴上拴一片沙沙作响的干叶子。仓鸮扑向了叶子（声源）而不是老鼠。这一实验打消了早先提出的鸮类可能拥有红外视力或其他感官的想法，确定了声音是唯一的手段。[30]

　　有趣的是，鸮类只有在熟悉房间布局的情况下，才能在完全黑暗中捕捉猎物；如果把一只鸟移到新的房间中，它不会愿意在完全黑暗中捕猎。这不难理解：无论如何，在没有光线的环境中捕捉猎物可能非常危险。当然除非像是油鸱这样的鸟——我们很快会讨论到——有一些额外的感觉机制。同样令人惊奇的是，在完全黑暗中捉住猎物时，仓鸮会立刻转身直接飞回它们的栖枝，避免在黑暗中进行任何不必要的飞行。在完全黑暗环境中捕捉猎物之前需要熟悉地形，这解释了为什么某些夜行性的鸮类几乎在它们一生中都生活在同一块领域中。无论怎样，完全没有光线的夜晚是很少的，但当这种情况发生时（比如，没有月亮的阴天），对详细地形的了解便决定了一只猫头鹰能否得到一顿美餐又不伤到它自己。[31]

鸮类最迷人的特点之一是它们飞行时可以完全静音；它们鼓翼的声音几不可闻。小西正一对一只仓鸮鼓翼的声音做了分析。声音的频率出乎意料地非常低——大概 1 千赫。这十分精妙，猫头鹰甚至在飞的时候，也不会干扰自己听猎物的能力。小鼠在林下发出的窸窸窣窣的声音频率要更高，在 6~9 千赫。此外，因为小鼠对低于大概 3 千赫的声音不太敏感，它们无法听到猫头鹰向它们扑来。[32]

每年夏天，我会回到斯科莫岛继续我从 20 世纪 70 年代就开始的对海鸦的研究。这个季节最重要的工作是爬上海鸦繁殖的岩壁给几百只雏鸟环志，这样我们以后可以了解到它们开始繁殖的年龄以及它们的寿命。环志工作包括爬上繁殖岩壁并用末端附上拐杖弯头的碳纤维鱼竿去捕捉雏鸟。这项工作需要分工合作，包括一个人捉，一个人取（从拐杖的钩子上取下雏鸟，并放在网袋里等待环志），一个人上环以及一个人记录（在笔记上记下哪个环上给哪只鸟）。这项工作也非常吵闹，海鸦父母因为暂时失去小鸟而大声叫喊，而这些雏鸟因为离开父母而叫喊的声音更大。有时候，因为岩壁上声音太大，我们不得不对记录的人喊出环志的编号。在一天的环志工作结束后，我们经常耳朵还在嗡嗡作响。

鸟的感官

雏鸟们非常善于辨识它们的父母，它们的父母也同样善于找到孩子。事实上，甚至在雏鸟破壳而出之前，它们就开始学习熟悉对方的叫声了：在第一个洞出现在蛋壳上时，雏鸟和它的父母就会互相叫。通常海鸦群中非常嘈杂，但是雏鸟都紧跟着父母，它们并不必须一直保持声音联络。但如果一只鸥或者其他捕食者导致父母暂时抛下它们的雏鸟，等它们返回时能够尽快找回对方是非常重要的。当年轻的海鸦要离开繁殖地的时候，这一点也非常重要。它们会在三周大的时候在黄昏成群离巢，还不会飞的雏鸟通常会从崖壁上跳入下面的海中，找到在下面等待的父亲，或等它的父亲迅速跟来。待在一起非常重要。在非常大的群体中，例如纽芬兰海岸附近芬克岛上的一个大集群大概有好几万只雏鸟会在同一个晚上离巢，无论对于雏鸟还是它们的父母来说，保持联系并非易事。而它们会通过各自独特的叫声找到对方。海鸦雏鸟离巢是叫声的大杂烩：雏鸟们叫着高音调的"喂喽、喂喽、喂喽"，而刺耳的吼声则是成鸟发出的。即使这样，绝大多数的成鸟和雏鸟都能在水面上找到对方然后共同游向大海，它们会在大海上再共同生活几个星期。

　　海鸦的听力非常好，它们可以在巨大的噪音中挑出那些真正有意义的叫声。对它们来说这是真正的生死抉择，缺乏父母陪伴的雏鸟就会死去。是自然选择让海鸦拥有这样的听觉系统，让亲鸟和雏鸟不仅能听到彼此的喊叫，而且能够从所有其他鸟的喊叫中分辨彼此。鸟类通过过滤并忽略无关的噪声来做到这点，只注意听那些能借以辨别同种鸟以及辨别特定个体的叫声。

　　这种能够在嘈杂的背景噪声中注意某一特定声音或鸣唱的能力被称为鸡尾酒会效应。对于那些生活在嘈杂的世界中的鸟儿来说，这是一个基本问题。想象一下鸟儿清晨的合唱：在一块原始的栖息地中有30多种不同的鸣禽，每种都有若干只在同时鸣唱，那简直是震耳欲聋。每一只鸟都不仅要识别同种类的叫声，还要辨别不同个体的叫声。同样的道理，紫翅椋鸟到城市中心栖息，经常有几百只停落在教堂塔尖或其他高层建筑上，开始鸣唱。在这样的大群中，它们真的能够辨别出其他个体吗？答案可能是确定的。在一些实验中（比起我们经常见到的巨大群体，数量相对要少），紫翅椋鸟甚至能在其他几只椋鸟同时鸣唱的时候分辨出不同个体。[33]

鸟类不仅要应对其他鸟的鸣声干扰，还要应对来自物理环境中在它们听觉范围内的巨大干扰。对于海鸟来说，有海浪冲刷繁殖地所在岩壁的声音；对于在芦苇丛中繁殖的鸟来说，有大片芦苇发出的"沙沙"声；对于在雨林中的鸟来说，有大雨打在无数叶子上的声音。

显然，人们很久以前就知道声音传得越远就变得越微弱。这种声音的减弱被称为"衰减"，同样众所周知的是，环境不同，衰减也不同。在平坦开阔的生境中，声音传得比在森林或芦苇丛中要远。第一个针对鸟类鸣声在不同生境中衰减效应的研究始于20世纪70年代。尽管没有意识到这一点，但早在20世纪40年代，电影《人猿泰山》的制作者们早已预见性地应用了这项研究的结论。电影配音中经常会出现一些特别的鸟叫，一种低频、像长笛一样悠长的哨音——我们现在依然会把这样的叫声与雨林生境联系起来。在巴拿马史密森尼热带研究所工作的吉恩·莫顿也注意到这一点，他想知道这种叫声是否由自然选择——能够在茂密的生境中更好地传递信息——导致的。了解声音的差异是否会导致在一定距离听到的音量不同，关键在于测量不同声音

　　　　　　　　　　　　　　　　　　　鸟的感官

在不同生境中的衰减。莫顿用磁带录音机播放声音并且在不同的距离和不同的生境中对声音进行测量。实验显示低频的纯音比其他类型的叫声在雨林中传播得更远，于是莫顿录制了森林和邻近的开阔生境中鸟类的叫声并进行比较。不出他所料，林栖型鸟类的叫声频率更低。总体而言，低频的叫声比高频的叫声传播更远，这就是为什么船只的雾号发出的是低沉的声音，以及大麻鳽和鸮鹦鹉是声音传播距离的纪录保持者。[34]

莫顿的研究基于对不同种类鸟的比较，而其他鸟类学家则想知道是否同一种鸟在不同生境中生活也会有差异。费尔南多·诺特包姆对广布于中美洲和南美洲的一种常见鸟——红领带鹀——的研究就是这种对单一种类开展的相关研究之一。当地人把这种鸟叫"钦戈洛"（chingolo）。与莫顿对不同种类鸟的交叉比较的预测一致，在森林生境中红领带鹀的鸣唱是更悠长低频的哨声，而在开阔生境中的鸣唱是更高频的颤音。[35]之后对茂密森林及开阔林地中繁殖的大山雀进行的对比研究也得出了相似的结论。[36]

最近对城市环境中的鸟类的研究发现，鸟类对当地的环境背景噪音有相应的应对手段。柏林的夜莺鸣唱声音比乡村的更响亮（差异高达 14 分贝），而且在工作日早高峰交通噪音最大的时候它们的鸣声也更响。与之不同，大山雀并不增加它们鸣唱的音量，但是会改变鸣唱的频率来应对城市噪音。这两个物种都调整了它们的鸣唱行为来确保它们的叫声可以突破环境噪音并被听到。[37]

在嘈杂环境中增加发声音量实际上是一种被称为"伦巴第效应"的生理反射，这种生理反射由法国耳鼻喉专家艾迪安·伦巴第于 20 世纪早期在人类身上发现，因此得名。当你戴着耳机和别人聊天时，说话的音量会无意识地提高，对方会说："别那么大声！"这就是伦巴第效应的明显实例。

　　写这本书的时候，我去了趟新西兰，在不用追踪几维鸟和鸮鹦鹉的日子里，我请了几天假去了南岛的菲奥德兰。那里的天气非常好，景色也很壮观，但最令人惊讶的是那里没有什么声音。我很少到过这么安静的地方。的确，这里很平静，但那是一种令人忧郁的寂静。曾经生活在陡峭山谷森林中的鸟都已经被貂和鼬杀光了，这些捕食者是由早期殖民者愚蠢地引入的。在新西兰的主岛上听不到本土鸟类的叫声，我于是怀疑这里引入的林岩鹨、乌鸫和其他鸫类因为缺乏竞争而鸣声比欧洲本土的更加轻柔。

　　上述研究清楚地显示了生境以衰减声音的方式对鸟类的鸣唱类型产生影响。但是这些研究只能够间接表明鸟类在不同的生境中听到的声音不同。对北美洲的卡罗苇鹪鹩的研究得到了一些很好的证据证明它们确实如此，这种鸟一年中大部分的时间都要用鸣唱来保卫领地。植被的叶子夏天繁茂冬天脱落，对鸣唱声音的传播效果影响更大。比起冬天落叶的时候，有叶子时苇鹪鹩的鸣唱声随着距离衰减要快得多。当马克·纳吉布以同样的音量在同样的位置播放未经减弱或者减弱了的苇鹪鹩鸣唱声的时候，苇鹪鹩明显对未经减弱的鸣唱声的反应更大，

　　　　　　　　　　　　　　　　　　　　　　　　鸟的感官

直接飞向扩音器；当他播放减弱了的鸣唱声时，苇鹪鹩飞过了扩音器，好像它们认为入侵者在更远的地方。换句话说，苇鹪鹩清楚减弱了的和未经减弱的鸣唱声的区别，并以此做出相应的行为。[38]

声谱仪在声学中的地位就像光学中的显微镜或高速摄影机，人们用它来将声音图像化。声谱仪由美国的贝尔电话实验室在 20 世纪 40 年代发明。剑桥大学的 W. H. 索普最先用声谱仪来研究鸟类的鸣唱。能够用声谱图来"看到"声音，改变了对鸟类鸣声的研究。当然，在此之前已经有了录音机，但仅仅通过听鸟类的鸣声，即使是放慢速度播放，也不会提供像图像那样的信息量。只有将声音信号转化成视觉图像的时候，我们才真正开始领会鸟类鸣唱的复杂并能够推测或者理解鸟类实际上听到的声音有多复杂。我在本科的时候花了三个月时间完成了一个关于橙腹梅花雀联络叫声的研究项目，至今我还能记得声谱仪在热敏纸上烧录声波图形时发出的独特的刺鼻气味。

如果你听过北美的三声夜鹰的叫声，就会发现"鸟如其名"，它的叫声听起来有三个音节。戴维·希伯利的《希伯利鸟类图鉴》（*Sibley's Guide to Birds*）一书将这种鸟的叫声描述成"WHIP puwiw WEEW"，正是它的英文名字"whip-poor-will"的来源。如果将它的叫声制成声谱图，在这种"慢放"的视觉化图像中，可以看得更清晰：三声夜鹰的叫声实际上包含**五个**独立的音节，而不是三个。对于人类的耳朵来说，三声夜鹰的叫声太快了，音节的间隔很模糊。鸟类学家赫德森·安斯利在 1950 年发现这一点的时候，并不清楚三声夜鹰自己听到的是三个还是五个音节，因为那时对鸟类听觉的了解还非常少。但安斯利指出，从小嘲鸫模仿三声夜鹰叫声的声谱图中可以看出，这个叫声也包含五个而不是三个音节，这应该可以说明小嘲鸫可以很好地分辨三声夜鹰叫声的细节。[39]

对人类听力的实验表明，我们有能力分辨出 1/10 秒的声音间隔。但是，许多鸟的叫声包含的元素之间间隔远远短于 1/10 秒，而且越来越多的证据表明鸟类有能力分辨这些细节。这确实是鸟类的听力比人类更好的一个方面。这就好像鸟类脑中有声音慢放的选项，使它们可以听到更多人类完全听不出的细节。这带来一个有趣的问题：如果我们人类也有与鸟类相媲美的听力，还会认为听到的鸟的鸣唱是那样美妙吗？还会认为鸟类鸣唱就像音乐吗？

金丝雀歌声中被称为"性感段落"的部分也是鸟类能够很好地分辨鸣唱中细节的能力的重要证据。当一只雄性的金丝雀在雌性快要产卵时对着她鸣唱，她常常会蹲下寻求交配。详细的研究分析揭示了雄金丝雀歌声中引发雌鸟这种反应的部分是一连串快速的高低音频交替的声音（分别由鸟类鸣管的右侧和左侧产生，鸣管相当于哺乳动物的喉头），这种交替的频率大概每秒 17 次。对我们来说，这种爆发出的"性感音节"只是金丝雀歌声中一个连续的颤音，但是雌鸟能够听到更多的细节。利用电脑创造的模仿鸣唱，埃里克·瓦莱特操作"性感段落"的不同成分，通过改变音节间的间隔使它们更快或更慢，然后播放给雌鸟，雌鸟毫不费力地辨别出两首鸣唱，并通过蹲下求爱展示出它们更喜爱快速的颤音。[40]

　　　　　　　　　　　　　　　　鸟的感官

驱车穿过厄瓜多尔宏伟的山地景观，我们开始通过一段非常陡的路，下降进入一片森林覆盖的山谷，这感觉好像是在不断放大谷歌地球。向下、向下、向下，沿着一条凹凸不平的小路慢慢开了45分钟，我们终于在飞扬的尘土中停下，停在一条小溪旁边。这里看不到什么希望：一个胡乱搭建的竹脚手架支撑着一根从岩石裂缝中露出的黑色的塑料管，踏过塑料垃圾、卵石和烂叶子，我们小心翼翼地走进阴暗的峡谷。在几米之内，我们转过一个弯，突然遇到三只油鸱蹲在一个低矮、泥泞的岩架上。它们也被我们的闯入吓到了，因为我们进入了它们的安全距离。毫无预警地，它们对着空中发出混合着尖叫和"哒哒"的恶魔般的叫声。它们只是看起来像恶魔，事实上，中世纪绘画中的鸟类比热带鸟类更适合出现在《哈利·波特》这样的电影中。它们在当地被叫作"guácharos"，字面意义为"悲伤哭泣的"，这可能是一个拟声词……其他人形容它为"撕裂丝绸"的声音。油鸱的学名 Steatornis，字面的意思是"油鸟"，指的是在过去它们非常肥胖的雏鸟被用来炼制烹调用油。

那些鸟最终落在 10 米高的岩架上，挤着蹲在一起。它们的样子看起来像是鹰（hawk）和夜鹰（nightjar）的杂交，"夜－鹰"（nighthawk）对它们来说可能是个更好的名字，但它们的习性和鹰相去甚远。它们有大大的深色眼睛，由 12 根刚毛组成长长的海象胡须一样的嘴须从两边的嘴角垂下来，巨大的鹰一样的喙上有着独特的椭圆形鼻孔，也许最引人注目的是几行鲜明的白色斑点装饰着它们赤褐色的羽毛。沿着它们的翅膀、尾羽和胸部，有三行斑点，在它们头顶上还有一些白色斑点如散落的星尘。我们"钉"在那里站着不动，因为敬畏，又怕打扰到这些非凡的鸟。15 分钟后，它们看起来放松了，闭上眼睛继续被我们打搅的好梦。随着我们的眼睛适应了黑暗，正如它们的眼睛需要适应亮光，我们看到更多的油鸥散布在岩架和岩壁上的小洞穴中。向导告诉我们，这里总共有大概 100 只油鸥：更加重要的是，这里是厄瓜多尔为数不多的几个有油鸥分布的地方。但这些鸟的处境并不乐观。贯穿峡谷的塑料水管来自这些鸟头顶上几十米处一条新建的公路。

建设这条穿过山谷林地底部的公路是一个恶性循环，它横跨整个景区，扩宽又扩宽，将两侧的森林分隔。一旦这条路通车，我怀疑油鸥的哭声还能持续多久；很难想象伴随着头上卡车隆隆噪音带着柴油机排出的烟雾，它们还能在白天休息。同样很难想象，当这些树都消失了，它们如何找到足够的果实。

油鸥是为数不多能通过听自己叫声的回声在黑暗中导航的鸟类——和许多蝙蝠一样。众所周知，蝙蝠利用回声定位在黑暗中行动，但这一特定的发现来之不易。

意大利帕维亚大学的耶稣会神父和自然科学教授拉扎罗·斯帕拉捷（1722 年 ~1799 年）是研究蝙蝠感官和其他很多领域的先驱。斯帕拉捷有着无止境的对自然世界的好奇心，同时是才华横溢的观察者和机智的实验者。通过观察圈养的仓鸮，他注意到如果鸟不小心扑灭了照亮屋子的蜡烛，那么这只鸟就失去了避免碰撞的能力，而蝙蝠没有这个问题。斯帕拉捷将从当地的山洞中收集来的蝙蝠放置在完全黑暗中，这些蝙蝠"像之前那样飞来飞去，而从没碰到障碍，或者像夜行性的鸟（即鸮类）那样跌落下来"。两只被斯帕拉捷罩住眼睛的蝙蝠也能很正常地飞行。

鸟的感官

这一现象促使我进行了另外一项我认为是决定性的实验，即将蝙蝠的眼睛移除。因此我用一把剪刀将一只蝙蝠的眼球完全摘除。……被抛到空中的那只动物快速地飞走，沿着不同的地下通道从一端到另一端，无论速度还是准确程度都像一只完全没有受过伤的蝙蝠……我对这失去眼睛而完全无法视物的蝙蝠的惊讶是无法形容的。[41]

斯帕拉捷怀疑蝙蝠是否有第六感。他写信给所有可能提供帮助的人，提出了一个挑战：有没有人能够发现盲的蝙蝠是如何在黑暗中"视物"的？1793 年 9 月，斯帕拉捷的信在日内瓦自然史协会宣读，瑞士的外科医生兼博物学家查尔斯·朱林是听众之一。出于好奇，朱林决定开展自己的实验并从重复斯帕拉捷做过的实验开始，但是做了一个巧妙的改变。除了也移除眼睛外，他还用蜡堵住蝙蝠的耳朵，他惊奇地发现"它们无助地跌撞进所有的障碍物"。[42] 结论很明显：蝙蝠需要用听力来"视物"。

转天，斯帕拉捷就听说了朱林重大的研究成果，然后立刻开始了一些新的实验。他将蝙蝠致聋，确认了它们依赖反射的声音，但是对这声音从哪里来却没有概念。迷惑的他说道："如果上帝爱我的话，要我们如何解释，哪怕只是想象，蝙蝠依靠听觉这一想法呢？"那些蝙蝠是安静的，但是为什么它们的耳朵对于避开障碍有那么重要的作用呢？实验一次又一次给出了相同的结果，但问题是，只要没有想象到特定的声音可能在人类的听觉范围之外，这些实验结果就没有意义。

1795 年，著名且有影响力的法国解剖学家乔治·居维叶（1769 年~1832 年）有点异想天开地认为，蝙蝠能够避开障碍物是通过一种触觉。尽管斯帕拉捷在早些时候试验过并且彻底否定了蝙蝠依靠触觉的设想，但居维叶的想法成为了可以接受的解释，他因将这一问题"从斯帕拉捷和朱林造成的混乱的状态中解脱出来而广受称赞"。居维叶能够获胜的原因在于，人们完全想不到蝙蝠能够发出声音，斯帕拉捷和朱林的想法看起来才完全像是异想天开。[43]

"触觉"的解释在之后的一百多年里都没有受到挑战，直到两个更具有可能性的想法出现。第一个是在"泰坦尼克"号巨轮于1912年4月沉没之后逐渐浮现出来的。惊讶于盲的蝙蝠躲避碰撞的能力，工程师和发明家海勒姆·马克沁爵士想到是否轮船也可以采取类似的方式，通过一个仪器监测强有力的低频声波的回声以在大雾中避免与冰山和其他船只相撞。他认为蝙蝠通过扇动翅膀发出**低频**声波，耳朵听到其回声并做出反应。换句话说，马克沁最早提出蝙蝠可能会利用人类耳朵听不到的声音。

第二个想法来自于心理学家和声学专家汉密尔顿·哈特里奇（1886年~1976年）。在第一次世界大战期间发展出来的水下物体侦测技术让他想到或许蝙蝠也用反射来躲避障碍物，哈特里奇推测蝙蝠利用的回声是它们**高音调**的叫声。

这两个想法中，哈特里奇的高频声音好像更有可能一些，于是在20世纪30年代初，哈佛的本科生唐·格里芬（1915年~2003年）决定试验一下。他使用了唯一能够检测和分析高频声音的工具：物理学家乔治·皮尔斯用来探测昆虫发出的高频声音的电子设备。研究者设计制造自己的研究设备是很平常的，格里芬也很幸运，皮尔斯愿意分享他的技术。结果很显著，实验漂亮地证实，蝙蝠发出了超出普通人听觉范

鸟的感官

围的声音。大部分人可以听到的声音频率最低自 2~3 千赫，最高到 20 千赫，但格里芬研究的蝙蝠发出的叫声高达 120 千赫。[44]

之后，格里芬和他的同学罗伯特·加兰博斯开始了更详细的研究。他们的努力在 20 世纪 40 年代初获得了重大的发现：蝙蝠不仅会发出持续的高频声音流，而且在它们越过特别复杂的物体的时候，发出这种声音流的速率会越来越快。这为哈特里奇的想法提供了强有力的旁证，蝙蝠的确用它们高频叫声的回声来躲避障碍物。巧合的是，也是在这个时候人们认识到视力受损的人能够通过发出声音并听这些声音的反射来探测障碍物，这鼓励了格里芬为这一过程创造了一个专有名词：回声定位。十年后，格里芬进一步展示了蝙蝠不仅依靠回声定位来躲避障碍物，还用来捕捉它们的猎物昆虫。这完全出乎意料。在他之前，传统观念认为"小飞虫无法反射足够的声能量而产生可听见的回声，仔细想想这个想法好像很牵强"。[45]但这确实是他所发现的，也证实了蝙蝠的回声定位系统比任何人想的更加精密。

被自己的发现激励，格里芬接下来开始研究油鸱，检测它们是否也通过回声定位让自己在完全的黑暗中熟悉环境。1799 年，也就是斯帕拉捷去世的那一年，德国博物学家和探险家亚历山大·冯·洪堡与研究植物学的同事埃梅·邦普兰正在美洲热带地区。在委内瑞拉的卡里佩，他们参观了油鸱山洞，这是一个有数千只夜行性鸟类栖息的巨大山洞，当地人非常不愿意进入。正如洪堡所说："这个山洞在卡里佩相当于希腊的塔耳塔洛斯[i]，油鸱在湍流溪水上方盘旋，发出悲戚的叫声，让人想

---

i —— 译者注：希腊神话中"地狱"的代名词。

到冥河之鸟。"[46] 洪堡将这种鸟命名为 *Steatornis caripensis*，意为卡佩里的油鸟。尽管他对这些在山洞中飞来飞去的鸟发出的巨大噪音印象深刻，但并没有对它们在完全黑暗中的导航能力做出评价。

直到 1951 年，加拉加斯的鸟类学家小威廉（比利）·H. 菲尔普斯让人去洪堡的山洞（现在被称为 Cueva del Guácharo，意为油鸥之洞）中曝光底片，以确认那里是完全黑暗的，那些鸟必定能够在绝对的黑暗中导航。在菲尔普斯的陪同下，格里芬亲自前往卡里佩的山洞观察。不像洪堡那时需要艰难地攀爬才能够到达山洞，在 1953 年，这个山洞已经成为一个热门的旅游景点，格里芬可以直接开车到洞口，山洞的管理员和向导们已经在这里等候他。那时，尽管不像在洪堡到访的年代有数以千计的油鸥被捕捉，但依然有油鸥幼鸟被抓去炼油。

格里芬一行人中还有菲尔普斯和他的妻子凯西、麦柯迪夫妇和苏洛阿加父子，他们进入山洞，走过被他们称为"微光地带"的油鸥筑巢区域，因为他们主要的目的是测定这些鸟能够在多暗的条件下飞行。在山洞最深处——当初洪堡的当地向导都不愿意进入的地方——格里芬一行人关掉他们的手电筒，坐在黑暗中让他们的眼睛适应。油鸥就在他们上方 75 英尺（约 23 米）的距离喧闹地盘旋，但是他们完全看不见。在 25 分钟之后，每个人都同意完全没有光线进入到山洞这么深的地方，在这里曝光了足足 9 分钟的底片也证实了这一点。"我的第一疑问因此得到确切的回答，这些油鸥确实是在完全黑暗中飞行的。"它们也不安静："我的耳朵被几乎不间断的各种吱哇乱叫轰炸……但还不能确定油鸥这些奇怪的叫声是用来定位的。"[47]

格里芬和他的同事们一路回到山洞的入口，正在这个时候，令人难忘的事情发生了。在外面，夜幕开始降临，那些鸟儿们开始离开山洞去觅食水果以喂养它们的幼雏。随着鸟儿们纷纷涌向山洞出口，与之前发出的刺耳声音不同，它们的叫声变得完全不同了："（变成了）一种极度尖锐的嗒嗒声的稳定声流"。随后的分析证实，这些"嗒嗒声"的频率在人类的听觉范围内，远低于格里芬熟悉的大部分蝙蝠。[48]

下一个问题是油鸱是否使用这些可听到的嗒嗒声在黑暗中导航。这有必要做实验。菲尔普斯先生和当地向导克服困难，在山洞入口处张网抓到了一些油鸱，苏洛阿加先生安排格里芬使用他工作所在的克里奥尔石油公司的洗衣房作为实验的地方。洗衣房被布置成完全遮光的，大概有 12 英尺见方，8 英尺高（3.6×2.4 米），油鸱在这个密闭的空间内盘旋飞行，并没有碰到墙壁。在黑暗中，格里芬能够听到它们扇翅的声音，当然还有它们发出的嗒嗒声。然而，他注意到这些鸟无法躲避天花板上吊灯的吊绳，因此疑惑油鸱是否能够在自然环境中侦测到这么小的物体。

这项实验还包括把这些鸟的耳朵用封入胶水的棉花堵住。如果这些鸟依靠回声定位，那么听觉是至关重要的。格里芬将三只最强壮的油鸱的耳朵堵好，等待几分钟让胶凝固。这些鸟被放到黑暗的房间里。结果很惊人：每一次，这些鸟都努力地发出嗒嗒声，但也都立刻撞到墙上。而将这些鸟的耳塞移除后，它们避免撞墙的能力又回来了。当灯打开的时候，这些鸟也能够避免撞墙，但还是发出了一些嗒嗒声，由此推测，它们在有足够光线的时候还主要依靠视觉。[49]

总的来说，尽管格里芬的简单的实验只是基于几个个体，但已经充分展示了油鸱也像蝙蝠那样使用回声定位。这些实验也显示出油鸱不像蝙蝠那样，基本使用人类几乎听不见的高频声音，而是使用低频声音。

这些了不起的结论后来在 20 世纪 70 年代被小西正一和埃里克·克诺德森确证，他们测出油鸱的嗒嗒声的频率是 2 千赫，这恰巧是它们听力最敏感的范围。小西和克诺德森把这些结果与蝙蝠的回声定位进行对比，认为油鸱的回声定位可能相当粗糙，仅限于侦测较大的物体。蝙蝠使用非常高频的声音，并将其投射在一个集中且狭窄的声音束内，它们接收这些回声的耳朵又非常灵敏，使得它能够侦测到非常小的物体，甚至是飞行中的蛾子。在完全黑暗的油鸱洞中一个狭窄的地方，小西和克诺德森放置了不同尺寸的障碍物（塑料圆盘）来验证他们的想法。小西和克诺德森知道油鸱要穿过这里，必须能够侦测到这些障碍物。通过红外线观察，他们发现油鸱好像没有察觉到直径小于 20 厘米的圆盘，而会撞上去。对于更大的圆盘，这些鸟就能够避开。[50]

另外一个依赖回声定位的鸟类类群是东南亚洞穴中的穴金丝燕。像油鸱一样，这些鸟在完全黑暗的洞穴深处繁殖，但它们的巢不像油鸱，而是由这些鸟凝固的唾液建造的（这种巢就是燕窝）。G. L. 蒂歇尔曼在 1925 年写过他在加里曼丹岛一个洞穴中两个小时的独木舟之旅："整个行程都在穿过一片鸟的呢喃声的密雨。数不清的金丝燕在独木舟的周围飞来飞去，在污白色的岩石上有数不清的金丝燕巢，相互距离非常近，好像是一丛丛黑色的腌菜。"[51]

美国的鸟类学家狄龙·里普利描述过另一个位于新加坡的金丝燕洞穴：

入口由两个相对窄的半圆形洞口组成，那些鸟冲出来时没有减速的迹象。它们飞的时候发出一种像是撕破丝绸的撕裂声。一些鸟从距离站在入口的观察者一英尺左右的地方飞过，它们飞行发出的噪声令人颤抖……那些"嗒嗒"声确实是那些鸟防止自己冲撞到洞穴岩壁上的声波；在它们冲入黑暗的时候，似乎都没有减速。[52]

后来，阿尔文·诺维克用与类似油鸥实验确认了在完全黑暗的洞穴中，金丝燕也像油鸥那样利用低频声音进行回声定位。[53]

正如杰里·庞弗雷所指出的，较之于蝙蝠使用的高频声音："考虑到使用低频声音进行回声定位在实用中的缺陷，可以推测鸟类的耳朵还没能向对超声波频率更敏感的方向做出改变。"[54]

总的来说，大多数鸟类的听觉与我们人类的非常相似，值得注意的例外是夜行性的种类与那些用声音来导航和捕猎的种类，如鸮类、油鸥和穴金丝燕。但对我来说，鸟类中听觉极其精湛的最好的代表就是乌林鸮。它用不对称的耳朵来定位隐藏在雪下的老鼠的能力令我叹为观止。

触
觉

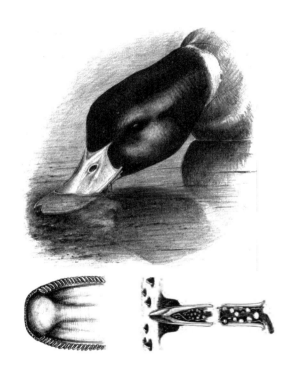

一只绿头鸭的喙浸入泥水中。上喙的内侧如左下图所示，展示了喙边缘的触觉感受器
的突起；右下图是一个放大了的触觉感受器，包括两种类型的神经末梢（图中灰白色
的球体）：格兰氏小体和海氏小体。

鸟类的……角质喙看起来不太像是良好触觉的适当载体……（然而）末梢器官（神经末梢）的存在……可以确证它实际上是鸟类身上触觉最敏感的部分。

——杰里·庞弗雷，1948 年，"鸟类的感觉器官"，

《鹦》第 90 期，171 页~199 页

在我的孩子们还小的时候，我们养过一只名为比利的斑胸草雀作为宠物。比利天生目盲，靠着人类的陪伴而成长起来，他特别喜欢把他从雏鸟养大的我的女儿劳丽。他认得她的声音，但更令人印象深刻的是他还认得她的脚步声。他如何做到这一点的还是个谜，比利从来不会因听到劳丽的同卵双胞胎姐妹的脚步声而激动。听到劳丽走近，比利会突然鸣唱起来，在劳丽打开笼门的时候他也会这样，并跳上她的手指。

在最初的兴奋之后，比利会请求劳丽去挠他的脖子，他将头侧向一边并竖起脖子后面的羽毛，姿势完全和它们邀请另外一只斑胸草雀同伴为自己梳理羽毛一样。[1]

鸟类学家称一只鸟为另外一只梳理羽毛的行为为"相互理羽"，以便与更通常的自己梳理羽毛的行为相区分。如果你曾经试着为一只像斑胸草雀这样整个身体比你的大拇指还小的鸟梳理羽毛，一根手指都显得粗大笨拙。我女儿的手小，她用食指就能够很好地来为这么小的鸟

　　　　　　　　　　　　　　　　　　　鸟的感官

梳理羽毛；比利也很喜欢，他会闭上眼睛，偶尔扭动脖子露出另一边，就好像人类让别人给他的颈部和背部挠痒。当我试着给比利理羽的时候，就感觉到自己的手指好大，我得多么小心才能保证自己是给他挠痒痒而不是打他。如果我没有控制好，有些笨拙，他会突然从享受中回过神来，啄我一下或跳开。

就我所见而言，比利完全享受被理羽的感觉，就如同真正的一对雄性和雌性斑胸草雀相互理羽一样。尽管很容易看出被理羽者享受被理羽的感觉，但要说出鸟在相互理羽时具体能感受到什么就困难得多。

当我给比利的脖子理羽的时候，我会敏锐地感受到我的指尖在他的皮肤和羽毛上的感觉，并以此来微微调整我施加的力度。当斑胸草雀相互理羽的时候，理羽的那只鸟也会有相似的反馈吗？

乍一看，鸟类坚硬的角质喙好像完全不敏感。我有时会用比斑胸草雀的喙还细的干草为比利理羽，想要看看用无感觉的喙来互相理羽的感觉是什么样的。事实上，用干草也不是我想象的那样无感觉，因为我能够感受到干草传递到我手指上的触感。更重要的是，比利十分喜欢这种更"集中"的理羽方式。[2]

事实上，鸟类的喙并不是无感知的。在喙（和舌）的不同部位藏有许多微小的突起，这些突起就是触觉感受器，正是它们保证了斑胸草雀和其他种类的鸟能够很好地在相互理羽时做出调整。[3]

人类手指中的触觉感受器最早发现于 18 世纪初[4]，但鸟喙中的触觉感受器直到 19 世纪 60 年代才在鹦鹉和其他几种鸟类中发现。[5]想想鹦鹉的喙的特质，那样的喙尖不像是拥有敏感触觉的样子。但它们的喙确实有敏感的触觉，这也很好地解释了为什么它们的喙那么灵巧。

法国的解剖学家 D. E. 古戎在 1869 年发现了喙端器官。确切地说，他发现他检查的包括虎皮鹦鹉在内的所有鹦鹉的上下喙都具有这种布满了一系列触觉感受细胞的小凹陷。古戎寥寥几笔展现出他的急切之情："仅仅知道这一器官精确的形态是不够的，洞察其本质，在可能的情况下预测其基本原理是有必要的。"而这正反映了他对触觉感受器的探究。[6]

如果你想检查一只鸟的喙端器官，又不想让自己的手指少块肉，那么鸭子是比鹦鹉更安全的选择。第一次看到鸭子喙的神经绘图使我回想起在 20 世纪 60 年代我还是一名动物学本科生时的经历，那时候我最喜欢的书之一是拉尔夫·布克斯鲍姆的《没有脊椎的动物》（*Animals Without Backbones*），这本书最早出版于 1938 年。布克斯鲍姆以一种非凡的方式激发人们的兴趣，把无脊椎动物生物学讲得活灵活现。在某一章开头他写道："如果宇宙中除了线虫动物外所有的物质都被移除，那么我们的世界的轮廓依然模糊可辨。"[8] 如出一辙的是，如果鸭子喙中除了神经之外所有的物质都被剔除，那么这个喙依旧清晰可辨。只是看到其中令人难忘的神经组织，就让我毫不怀疑鸟类的喙，至少是某些种类的喙，远不是一个无生命组织组成的无知觉工具，而是一个高度敏感的结构。[9] 而这令人惊讶的鸭子喙的神经组织分布是由英国牧师、克罗夫顿的教区长约翰·克莱顿于 17 世纪末发现的。他曾写道：

> 当我在伦敦的时候，穆兰医生和我一起做我们的解剖研究，我们向皇家学会展示了所有的摸索觅食的扁嘴鸟沿着喙向下都有三对神经……因此我们设想它们不需要看，就能够精准地分辨出哪些是合适

的食物，哪些是它们不吃的东西；而这三对神经在鸭子的喙里和头部中是最明显的，我画了一幅关于此的插图，交由你保管。[10]

实际上约翰·克莱顿的意思是：想象给你一碗加了一把细沙的牛奶什锦早餐，让你只吃下其中可食的部分，你能做到什么程度？我对此不抱希望，而这却是鸭子可以做到的。

要理解这一点，首先要抓来一只鸭子。然后将它翻过来，打开它的喙，这样你可以检查它的上颚。最明显的特征是环绕在弯曲的喙端的一系列辐射状凹槽，但你需要把目光放在喙的外沿上。你将会看到一系列微小的洞，像毛孔，大概 30 来个。如果你查看下颚，会找到更多小洞，大概有 180 个。用放大镜查看这些小孔，你会看到从每个小孔中突出一个锥形的尖，这个尖被称为"乳头状突起"，在其内部是一束大概20~30 个微小的触觉感受器组成的感觉神经末梢，通过神经网络连接到大脑。

19 世纪德国解剖学家第一次在鸭子的喙端器官中发现触觉感受器。不过触觉感受器有两种。较大且较复杂的触觉感受器是由埃米尔·弗里德里希·古斯塔夫·赫伯斯特（1803 年 ~1893 年）发现的，这一感受器也以其姓氏命名[i]，海氏小体最早于 1848 年在骨骼中发现，之后先后于 1849 年在鸟的上颚中，1850 年在鸟的皮肤中，1851 年在鸟的舌中发现。海氏小体对压力敏感，由此产生触觉。它是 150 微米长、

---

[i] —— 译者注：海氏小体（Herbst corpuscle）中文也被译作赫氏小体，此处沿用郑光美《鸟类学》中使用的译法。

120 微米宽的椭圆形结构，但有些会长达 1 毫米。第二种类型的触觉感受器，格兰氏小体，以最早于 1869 年发现这种感受器的比利时生物学家 M. 格兰德利命名。格兰氏小体结构更小更简单（大约 50 微米长，50 微米宽），对位移敏感。两种类型的感受器一起在锥形乳头状突起内——较小的格兰氏小体插在海氏小体之间——形成最精致美丽的结构。

在鸭子喙的其他部分，无论内外，尤其在喙的尖端和边缘，都有大量的海氏小体和格兰氏小体。但这两种小体不总是像在喙端器官内那样分布在一起。事实上，在一只绿头鸭喙部仅一平方毫米的地方，就有数百个感受器，用于收集喙接触到的物体和在嘴里的物体的信息。[11]

我们看到一只鸭子在池塘边上的泥水中快速地张合它的喙，它是在从泥水中过滤食物成分，留住可食用的部分，滤除泥、沙砾和水。做出这个速度快到看不清的动作要依靠它敏感的喙端器官和其他遍布于喙上的触觉感受器，以及我们在下一章会讲到的味蕾。我们缺乏这样的感官（或机制）来做同样的事情，这就是为什么我们不能通过加入了细沙的牛奶什锦早餐来测试。鸭子有这样的感官，当然它们在觅食时也会用眼睛——但采取一套不同的方式——比如它们从你孩子的手中啄走一块面包；当面包被啄住后，由喙端器官来侦测面包的质地，如果尝起来不错的话，就会把它吃下去。

那么，斑胸草雀是如何用这种敏感的触觉来完成对伴侣的理羽行为呢？和鹦鹉及鸭子相似，斑胸草雀的喙端也同样包含神经末梢。[12] 斑胸草雀的喙和舌的主要作用是剥开种子的壳，这需要用下颌上侧和舌进行一系列精细的操作——在它们的喙和舌头上也有很多触觉感受器。[13] 这些触觉传感器同时还被用于将理羽的机械感觉转化成神经冲动以反馈来控制用多大的力。

　　这里有一个明显的矛盾：一方面我说鸟的喙比我们通常认为的敏感得多，但另一方面，你可能会想到，啄木鸟怎么能像斧子一样用它们的喙呢？喙能够既敏感同时又不敏感吗？答案是：我们的手用完全一样的方式做到这一点。握成拳头时，手就成为武器，摊平的时候则有最精细的敏感度——怀尔德·潘菲尔德的有巨大的手的矮人就是很好的例子。[i] 啄木鸟用尖锐而不敏感的喙尖端而不是用敏感得多的喙内部去凿树木。我十分好奇的是，像丘鹬这样的涉禽以及几维鸟，它们的喙尖相对软而且非常敏感，如果它们的喙在土中探寻时不小心撞到石头了会怎样？是不是相当于人撞到了麻筋？

　　几种不同类型的触觉感受器分别感受压力、运动、振动、质地和疼痛。这些不同的感受器（在显微镜下）外观不同，在鸟类身体的分布也各不相同。正如人类指尖的触觉感受器要比手背多很多，鸟类的触觉感受器虽然遍布全身，但在它们的喙和脚上分布得更集中。鸟类互相理羽由海氏小体控制，但处理在喙中的食物则是依靠数种不同类型的触觉感受器和自由神经末梢的协同工作。[14]

　　那些繁殖期也聚集在一起或者进行合作繁殖的高度社会性鸟种，如一些鹛和林戴胜，会花大量的时间互相理羽。为什么？一个简单的解释是对像斑胸草雀这样的物种来说，相互理羽是维系一对鸟纽带的一

---

i —— 原注：怀尔德·潘菲尔德是美国神经外科医师，皮质矮人是他创造出的类人形象，其器官尺寸反映了该器官对应脑部区域的大小，越大表示知觉越敏感。双手、唇和耳极端敏感，所以在图中比例很大。

种方式。一对斑胸草雀相互轻啄对方的颈背，看起来就好像它们沐浴在爱河之中。事实上，这就是名为情侣鹦鹉（lovebird，也叫牡丹鹦鹉）的小鹦鹉得名的重要原因。在过去，有一种倾向将发生在一对鸟之间的任何行为——理羽、碰喙和相互喂食——假设为"维持这对鸟之间的纽带"，但我一直认为这无法构成一个完全的解释，直到最近还没有什么确凿的证据证明这些行为有助于维持一对鸟之间的关系。

对于鸟类的相互理羽——对灵长类动物而言是相互理毛——的另一个解释是这种行为是为了卫生，移除污垢或者寄生虫。演化的逻辑简单明了：对你有回报的。以移除你的伴侣身上的虱子的行为为例，只要该行为将会减少你自己被感染的概率即可。而从你的伴侣身上移除虱子还能同时减少你们的共同后代被伤害的机会。对于鸟类，至少有两个理由可以认为相互理羽有卫生的作用。第一，这种行为通常直接针对于鸟类不能够自己理羽的体羽的部分：头和脖子。第二，相互理羽在群居的种类中特别常见。崖海鸦是有记录的群居密度最高的鸟，在繁殖地的密度可达每平方米 70 对，邻巢的鸟身体都贴在一起——这非常有利于蜱这样的寄生虫在鸟之间传播。崖海鸦十分热衷于花大量时间相互理羽，理羽不仅发生在配偶之间，也在身体会直接接触的邻居之间进行。

在斯科莫岛上，我已经检查过数百只成年的崖海鸦，很少发现有蜱，只是偶尔在它们繁殖的崖壁上发现一些。但在我 1980 年到访过的芬克岛上，有大约 50 万对崖海鸦，那里鸟类繁殖的砾石上很明显有蜱。可惜我没有机会去查看鸟类被骚扰得有多严重或者相互理羽行为对移除蜱有没有帮助。一个小故事特别能说明相互理羽的重要性。在 1967 年超级油轮"托雷·卡尼翁"号的灾难后不久——包括海鸦在内的成千

　　　　　　　　　　　　　　鸟的感官

上万只海鸟由于被这场灾难导致的海面油污困住而死亡——人们把一小部分幸存下来的鸟圈起来，努力寻找办法清洁它们的羽毛。一位当时参与这项工作的研究者告诉我，他注意到有一只海鸦感染了蜱，这些蜱都嵌在那只鸟头后部的皮肤里。同一组里的其他鸟都拼命为那只被感染的鸟理羽。显然，看到羽毛中的蜱对其他鸟来说是一个强烈的刺激。剑桥大学的迈克·布鲁克开展的另外一项研究显示，相互理羽非常有效地减少了长眉企鹅和凤头黄眉企鹅身上蜱的数量。[15]

灵长类动物和社会性的鸟类有很多共同之处。在灵长类动物中，任何一种应激性的互动（比如被一只地位更高的个体攻击）之后，受害者经常会立刻寻求理毛，这被认为是为了获得安慰。人类也有类似的行为：我们在安慰其他人的时候，可能会轻轻触碰他的胳膊或者肩膀。在谢菲尔德附近我研究过的喜鹊中，相互理羽的行为是很少见的。因此当看到这种行为时，我会特别记下来。就像其他很多鸟一样，相互理羽行为只发生在喜鹊配偶之间，有趣的是，我发现它也只发生在另外一只喜鹊对它们的领地进行侵略行为之后。典型的状况是：在入侵导致的领地冲突后，占有领地的这对配偶会退到一棵高高的树上，紧紧挨在一起，然后雌鸟会为它的伴侣理羽，而极少是反过来。因此，相互理羽行为与社会性冲突造成的应激明显是有关联的。这种关联在安德鲁·雷德福和莫内·迪普莱西关于非洲的绿林戴胜所做的研究中更加明显。

绿林戴胜有着美丽的绿色到紫色渐变的闪亮羽毛，以及鲜红的下弯的喙，它们是高度社会性、会合作繁殖的鸟。它们一般由 6~8 只个体组成一个小群，包括一对繁殖鸟和几个帮手，这些帮手通常是之前繁殖季诞生的年轻的鸟。每天晚上整个群体都在一个树洞里共同栖息，它们很容易相互感染皮肤寄生虫，所以互相理羽起到了清洁的作用。这似乎很合理，在其他鸟那里，理羽都集中在头和颈部。此外，互相理羽还有一项明显的社会功能。与相邻的林戴胜群体的冲突是常见的，但就像喜鹊一样，在冲突结束后，群体内的成员也会相互理羽。但在这种情况下，相互理羽主要着眼于体羽而不是头部。林戴胜与它们的邻居战斗越激烈，随后的相互理羽需求也越强烈。在群体间的冲突中，失败群体中的个体之间相互理羽会比胜利群体中的更久，这可能因为失败比胜利引发更多压力。这些鸟会花很多时间互相理羽，最多会占到它们一天中的 3%，正如像灵长类动物那样，理羽或理毛能够强化特定的社会关系。[16]

到目前为止，针对鸟类中相互理羽与压力的关系的研究只对渡鸦做过，似乎确认了在灵长类动物中所发现的现象：渡鸦相互之间的理羽行为越多，身体分泌的应激激素（皮质酮）就越少。我们还需要更多的研究来确认这在鸟类之中的普遍性，但我猜想这确实是普遍的。[17]

海鸦、喜鹊、渡鸦和林戴胜的相互理羽行为明显涉及被理羽的鸟皮肤上的触觉感受器。鸟类的皮肤就像我们的一样，有大量不同的感受器对压力、疼痛、运动之类敏感，但鸟类拥有的特化羽毛也许在相互理羽中扮演一个重要的角色。

羽毛有三种类型。数量最多且最明显的是鸟类的正羽：包括长而有力的飞羽和尾羽，也包括短小的覆盖全身的覆羽和围绕喙一圈的口须。第二类是绒羽，隐藏在正羽之下紧贴身体。绒羽的主要作用是保温，正如它们被填充在羽绒睡袋或羽绒服中发挥的作用。第三种羽毛你可能不是那么熟悉，可能除非你曾给一只鸟比如鸡或者鸽子去毛，才有机会注意到这种羽毛。当所有的正羽和绒羽被去除后，剩下的就是毛羽（或

鸟的感官

纤羽），它们是纤细如发丝的羽毛，稀疏地散布在整个身体表面，其根部总是靠近一根正羽的基部。

毛羽包括一根羽轴，有些末端有一微小的倒钩状小簇，就像绒羽一样，它们也通常隐藏在正羽之下。但有一些种类的鸣禽，有一些毛羽会从正羽下延伸出来，比如苍头燕雀的颈部或因此得名的丝背鹎的背部。对于另外一些鸟来说，毛羽发展成为炫耀性的结构，尤其对于鸬鹚来说，毛羽形成了它们的冠。但最能够引人注目的是须海雀的毛羽。这种小型的北太平洋海鸟，体重只有大概 120 克，它们在繁殖季节特别漂亮，乌黑色的羽毛衬托出亮白色的虹膜和针孔大小的瞳孔及一簇面部装饰：包括一个黑色的由正羽特化成的向前的冠，以及（两侧各有）三束银色的毛羽。一束毛羽从眼先部位向下到脖子下面，第二束从眼睛后面发出，和第一束平行，也垂到脖子下面，第三束毛羽在眼睛之上，放射状地像天线一样在头的后面延伸几厘米。这种鸟是夜行性群体活动的，就像其他种类的小海雀，它们的面部装饰可能在互相择偶时发挥作用。但这也起到像猫的胡须那样的功用，帮助须海雀在完全黑暗的地下岩石裂缝中繁殖时避免碰撞。[18] 这些特化的毛羽也许还有更多的功能，因为老鼠和其他一些兽类的腮须（感觉毛）非常敏感，不但能够分辨出光滑和粗糙的质感，也能够分辨不同物体的形状。[19]

在很长一段时间里，人们对普通毛羽的作用并不了解。实际上，1964 年出版的一本重要的鸟类学辞典将其说成"退化的，没有功能的结构"，[20] 这种观点忽略了在 20 世纪 50 年代德国的研究者库尼·冯·普费弗提出的预见性见解，即毛羽通过触觉感受器传输振动，让鸟类监控并调整它们羽毛的姿态。她是对的：毛羽是高度敏感的，而且当其做出动作时会引发一个神经冲动，以便再次调整体羽。[21] 在鸟类的社会性展示行为中，毛羽一定扮演着一个特别重要的——尽管是间接的——作用。想一想鸟类用羽毛表现出的各种惊人姿态，包括雄孔雀打开扇形的屏、娇鹟快速扇动飞羽、一只炫耀的雄性大鸨蓬起它华丽的羽毛以及一只害怕的蓝山雀收紧全身的羽毛。毛羽的敏感性意味着它们在相互理羽中也应当很重要，要么直接被理羽者触动，要么间接地感觉理羽者触碰到附近的正羽。

在我们讲完毛羽之前，我会提到一些类似但更明显的结构。首先，在很多鸟身上，特别明显的是在夜鹰、油鸱和鹬中，在喙角有成排毛状的硬硬的羽须。这些是特化的正羽，叫作口须，在它们的基部存在发达的神经分布，显示出它们拥有感觉功能。夜鹰和鹬的口须帮助它们捕捉昆虫。[i] 对于夜行性的油鸱来说，口须帮助它们在黑暗中飞行时从森林的树上摘果实。此外，某些蟆口鸱、林鸱（同蟆口鸱一样都是夜行性的热带夜鹰目鸟类）、几维鸟和一些如须海雀这样的海鸟，头顶都有冠或者长长的束状羽毛。这些可能是特化的正羽而不是毛羽，但是像口须和毛羽一样，它们可能也具有感觉功能。最近的一项研究证实了这一点：那些有面部饰羽的鸟类更常生活在复杂的生境中，比如茂密的植被或者隧洞或者狭窄的地区，而不是开阔地。这表明饰羽的功能更像老鼠和猫的腮须，帮助它们避免撞到障碍物。[22]

当 19 世纪古戎在鹦鹉的喙上发现喙端器官时，他提到他也在沙锥

---

i —— 译者注：有实验表明，去除口须并不影响这些鸟在空中捕食昆虫，因而推测其主要功能是防止灰尘和昆虫的鳞粉与眼睛接触，以及感知口中所衔昆虫的动态。

鸟的感官

或鹬这样的涉禽的喙上看到过类似的结构——它们在沙子和泥水中探寻食物。我还是孩子的时候热衷于收集鸟类的头骨，我最自豪的一件藏品是一个丘鹬的头骨。这是一种用喙探寻食物的鸟，它的头骨上有巨大的眼窝和独特的有很多小凹陷的喙端。这些小凹陷只有在去除了覆盖喙的皮革状外层——角质鞘（喙鞘）——后才能看到。

像鹬、丘鹬和沙锥这样用喙探寻食物的鸟在使用它们敏感的喙端搜寻如蠕虫或软体动物这样的猎物时，不仅依靠对猎物的直接碰触，也可以通过探测猎物的振动感知，更了不起的是它们能够探知泥水或沙子中的压力的变化。[23]

荷兰鸟类学家特尼斯·皮尔斯马和他的同事在 20 世纪 90 年代所进行的巧妙实验展示了红腹滨鹬如何能够侦测到隐藏在沙子中的微小的不移动的双壳类软体动物，例如贻贝和蛤。当这种鸟将它的喙插入湿沙土中时，在沙粒之间微量的水中会形成一个压力波。当这一压力波被固体干扰，比如被双壳类软体动物阻挡了水流，就会产生一个"压力扰动"从而被鸟探测到。人们认为，这些涉禽使用这种快速而重复的探寻来合成一个藏在沙子中的食物的三维影像。[24]

皮尔斯马的红腹滨鹬研究引起两位新西兰研究者的共鸣，苏珊·坎宁安和她的博士生导师伊莎贝尔·卡斯特罗希望知道是否类似的情况也发生在几维鸟的喙上。几维鸟是用喙探寻食物的鸟的一个极端。就像鹬一样，几维鸟的喙端上下都如蜂巢般布满小凹陷。有趣的是，尽管理查德·欧文在 19 世纪 30 年代非常仔细地解剖了几维鸟，但他好像并没有注意到这些小凹陷，因为他既没有提到它们，也没有在他论文中描绘几维鸟骨骼的精美插图中画下这一结构。到了 1891 年，新西兰达尼丁大学的生物学教授杰弗里·帕克首次报告了在几维鸟喙端有许多不寻常的小凹陷，他将此描述为"大量分布的眶鼻神经背支的分支"。换句话说，这些小凹陷有丰富的神经分布。[25]

沃尔特·布勒在他的著作《新西兰的鸟类》(*Birds of New Zealand*, 1873 年)中，对几维鸟的觅食方式做过一段精美的描述："当搜寻食物时，位于它们上颌末端的鼻孔发出一种连续不断的嗅闻声。我不敢说它通过触觉的引导是否和通过嗅觉的一样多；但是在我看来，两种感觉都在这一行为中被使用……触觉的高度发达看起来是相当确定的，因为不管这种鸟有没有发出可以听到的嗅闻声，它们总是首先用它的喙尖去碰触物体……并且关在笼子中时，每个晚上都能听到轻柔的敲击笼壁的声音。"[26]

对几维鸟喙端的感觉凹的了解为研究它们侦测猎物的方式提供了一条新的线索。红腹滨鹬的喙端中向前的感觉凹里包含整齐堆叠的海氏小体，这种排列似乎对于侦测压力扰动的模式是必要的。但其他种类的鹬[27]——通过振动侦测猎物——具有向外的感觉凹。而几维鸟拥有的向前、向外和向后的感觉凹，表明它们可能既通过压力也通过振动信号来侦测它们的猎物。尽管它们有相似的喙的结构，但几维鸟和涉禽的亲缘关系并不相近，这形成了一个很好的趋同演化的例子：相似性是适应性演化的结果，来应对相似的选择压力——需要搜寻在地表之下的食物。

还有另外一种"探寻食物"的生活方式也会涉及发达的触觉（和味觉）——在啄木鸟、蚁䴕和姬啄木鸟长长的舌头末端。列奥纳多·达·芬奇是啄木鸟特别的舌头的第一个评论者[28]，但最好的早期插图来自荷兰博物学家弗彻·科伊特，他认识到蚁䴕也具有类似的延长的舌头。[29] 托马斯·布朗爵士在 17 世纪中期曾写过对啄木鸟"引入舌头的神经"的评论。[30] 他的鸟类学同事弗朗西斯·威洛比和约翰·雷在对一只绿啄木鸟做过实验之后写道："伸出来的舌头长度非凡，末端是尖的骨质物质……像飞镖一样，用来抓昆虫。"在经过显然是非常复杂的解剖之后，他们写道：

> 这种鸟可以将舌头掷出……大概 3~4 英寸（约 7~10 毫米），并且通过固定在（前面提到的）骨尖上的两根细小圆形软骨的帮助，沿着舌头再次折叠。这两根软骨从舌根开始越过耳朵环绕，向后反绕过头顶，形成一个大弓形。在韧带下方，它们沿着矢状缝向下……刚好在右眼眼眶上方穿过，并沿着喙的右侧进入一个孔，那里是它们的源头。

他们继续描述舌头伸出和收回的方式，并以"但我们将这些称重和检查的工作留给其他更好奇的人吧"结束。[31]

仅仅一个世纪之后，布丰伯爵写道：绿啄木鸟的舌头"覆盖着一层带有向后弯的小钩的鳞片状角质鞘，它也许能抓住也能刺穿猎物，它自然地被从两个分泌管分泌的黏性液体润湿……"。[32]

啄木鸟用舌头刺穿猎物的想法延续下来，并在 20 世纪 50 年代被野生动物影片的先驱制片人海因茨·色勒曼强化。他曾写过，大斑啄木鸟"鱼叉状的舌头特别适合……刺穿昆虫幼虫和蛹"。然而，对色勒曼的素材再次分析，显示幼虫并**没有**被刺穿，而仅仅是被黏性唾液黏附在舌末端上。一项对一只来自小安的列斯群岛并圈养了几周的瓜岛啄木鸟进行的研究显示了完全相同的行为。这些鸟将它们的长舌头伸到树洞里，当碰触到猎物时，就能立刻通过触觉或味觉感知到，细致的解剖学研究证实了它们的舌尖的确有丰富的触觉感受器。（我们并不知道它们是否有味蕾，但我打赌是有的。）反过来，昆虫幼虫在感觉到啄木鸟的舌头时并不束手就擒，或者逃跑或者用它的腿抓住洞的边缘来使啄木鸟不容易将它拉出来。而通过黏性唾液加上带刺的表面以及特别适于抓握的舌尖——但没有穿刺，瓜岛啄木鸟能够将它们不情愿的猎物抓出来。[33]

我在佛罗里达州北部查克托哈奇河的一个鲜为人知的湿地中。这里是一个乡下地方，类似于 20 世纪 70 年代的电影《激流四勇士》（*Deliverance*）中的场景。在独木舟上安静地休息时，我出神地看着四只北美黑啄木鸟喧闹地相互追逐，穿过树林。傍晚时透过落羽杉橄榄绿色叶子的光线非常美好，鸟儿们好像也很享受这样的场景，它们从一棵树重重地弹到另一棵树，敲击树干、鸣叫，但只是偶尔挑逗似的闪现它们美丽的红色、黑色间白色的体羽。我从来没这么美好地与这一物种近距离邂逅，但它们并不是我这一次的搜寻目标。我和一小队鸟类学家希望能够一瞥北美黑啄木鸟那体形巨大的表亲——象牙喙啄木鸟。

这种鸟被认为在 20 世纪下半叶已经灭绝，但在 1999 年，在路易斯安那州南部珀尔里弗的一笔有争议的目击记录表明，也许还有至少一只象牙喙啄木鸟活着。在这之后有一些在偏远的沼泽地区的目击报

鸟的感官

告，包括查克托哈奇河的一些地方，但目前仍然还没有视频证据——这被认为是这种鸟还存在的最重要证据。[34]

以"上帝之鸟"而闻名的象牙喙啄木鸟拥有巨大的凿子状的喙。它们觅食猎物时会搜索一棵棵树，探寻下面隐藏着的巨大的甲虫幼虫。一旦发现幼虫——几乎可以肯定是通过它咀嚼树木木质的声音，啄木鸟会啄开并撬起一块手掌大小的树皮，让幼虫暴露出来。想象一下用锤子和凿子需要费多大的力气来做到这样，你就会了解这种鸟有多强壮了。随着幼虫扭动，象牙喙啄木鸟快速地伸出它特别长的舌头，然后抓住它。这一系列熟练的过程形成了鲜明的对比：喙像钢铁一样感觉迟钝，舌头比你手指的触觉更敏感。

象牙喙啄木鸟的力量是个传奇。一位移民到北美的苏格兰纺织工，后来成为美国鸟类学奠基人之一的亚历山大·威尔逊，在北卡罗来纳州猎到一只象牙喙啄木鸟。这只鸟只受了轻伤，威尔逊决定养着它。他骑马将这只鸟带回镇里，酷似婴儿的叫声让"所有听到的人吃惊，尤其是各位女士，她们都慌忙跑到门口或窗前，惊恐而焦虑"。住进威明顿旅店之后，威尔逊将啄木鸟留在房间里，去照顾他的马。当他在不到一小时后回到房间时，发现"床上覆盖着大片的石膏，墙上至少暴露出15英寸见方的木板条，并且对着封檐板开了一个拳头大小的洞；在不到一个小时的时间里，它成功地为自己打开一条路"。威尔逊抓住这只鸟，"在它腿上拴了绳子，把它和桌子拴在一起，然后出去找些可以喂它的食物。当我上楼梯时，我再次听到它努力的声音，进门的时候，发现它几乎完全毁掉了拴着它的桃花心木桌子，好好地发泄了一番"。这只鸟完全拒绝任何食物，让威尔逊感到后悔的是，它三天以后死掉了。[35]

象牙喙啄木鸟在4~5英尺（约1.2~1.5米）深的树洞里筑巢，树洞是通过雕凿落羽杉的活组织而制成的，这差不多是最硬的树之一。它们的喙是非常强有力的工具，曾经被作为印第安人的护身符。约翰·詹姆斯·奥杜邦解剖过一只象牙喙啄木鸟的头，并详细描述了它7英寸（18厘米）长的舌头，像其他啄木鸟一样，它的舌头拥有非常精致敏感的尖端。

奥杜邦也提供了第一个关于象牙喙啄木鸟觅食技术的解释：

> 当在树皮的裂缝中发现一只昆虫或幼虫时，（象牙喙啄木鸟）会突然伸出覆盖着厚厚黏液并拥有强壮而细长、带有细小倒刺的尖端的舌头，抓住它，将它拉回嘴里。这些倒刺特别适用于拉出木头中躲避的、通常2~3英寸（约5~7厘米）长的巨大幼虫；但那具有刚毛的尖端并没有显示出有刺穿猎物的用途，要不除非撕裂那些细小而不能弯曲的倒刺，否则怎么能够再放开猎物？[37]

鸟类的皮肤和哺乳动物的一样，都对触觉和温度敏感。这种敏感性对于鸟类孵卵和保护幼雏来说非常重要，不仅可以保证给它们的卵和雏鸟适当地保温，也能避免踩到或者压碎它们的卵。鸟类用来给卵和雏鸟保温的区域是孵卵斑——一块在孵化开始几天或几周前会脱落羽毛的皮肤区域，此时这块区域的血液供应也会增加。

对于一些鸟类来说，孵卵斑决定了雌鸟能够孵多少枚卵。17世纪70年代，博物学家马丁·李斯特对在他的房子附近筑巢繁殖的家燕做了一个简单的实验——得到了完全出乎意料的结果。每当雌鸟在窝里产下一枚卵，他就拿走这枚卵，结果竟发现这只雌燕连续产了不少于19枚卵，而不是通常的窝卵数5枚。它们明显可以产更多卵，那为什么将窝卵数限定在5枚呢？这是一个很久以后才解决的谜题。随后对其他种类的鸟的测试得到了相似的结果，包括一窝家麻雀产了50枚卵（通常是4~5枚），一窝北扑翅䴕通常的窝卵数是5~8枚卵，但这次它在73天中产了71枚卵！但也有一些鸟，比如凤头麦鸡，移走卵对它们最终产多少枚卵完全没有影响。在此基础上，鸟类学家将鸟类分为定数产卵的（如麦鸡）和不定数产卵的，尽管他们还不知道为什么会存在这种不同。然而重点在于，对于不定数产卵的鸟，像家燕、麻雀和扑翅䴕，产卵是通过孵卵斑调节的。如果它们产下的卵被移走了，孵卵斑没有触觉刺激，也就没有信号传给大脑来限制产卵。如果卵没有被移走，孵卵斑中的触觉感受器侦测到这些卵在集中，然后通过一个复杂的激素过程，只允许卵巢中"正确"数目的卵发育。[38]

　　一旦达到窝卵数，将这些卵保持在合适的温度对卵中的胚胎能否正常发育至关重要。成功的孵化并不需要严格保持恒定温度，只要温度不太低也不太高就可以。孵卵的鸟也经常离开集去觅食，这段时间卵会冷下来，但是胚胎对短暂的变冷的宽容度要比对过热高很多。大部分种类的鸟的卵的孵化温度在30~38摄氏度，孵卵的鸟主要通过各种行为来达到这一条件。对卵的人为冷却和加热的实验表明，鸟类通过调整它们孵卵的姿势——特别是调整孵卵斑和卵的接触——来维持卵的温度。当卵变冷了，亲鸟会给卵传递更多的热量；当卵过热了，亲鸟会更频繁地放掉卵的一些多余的热量。

　　孵卵斑乍看上去像是一块并不雅观的显眼的粉红皮肤，但这是一个特别敏感的复杂器官。鸟类可以通过增加或减少流向孵卵斑的血液来调整卵的温度。更重要的是，卵和孵卵斑的联系引发了脑下方的脑下垂体分泌催乳素。如果一只孵卵中的鸟的窝卵被移走，会引发催乳素分泌大幅下降——通过对孵卵中的绿头鸭的孵卵斑麻醉的巧妙实验显示触觉刺激对这一过程非常重要。即使鸟在继续孵卵，由于它们不能感觉到卵，它们的催乳素水平也会下降，这正和它们的卵被移走所引发的现象一致。[39]

唯一一类不通过体温加热孵卵的是塚雉（megapodes，这个英文名源于其用于掘土的巨大的足）。替代性地，它们将卵安置在（根据不同种类）一堆发酵的植物堆中或者温暖的火山土壤中，温度保持在大约33摄氏度。这种建造孵卵堆的鸟，比如灌丛塚雉，雄鸟照顾孵卵堆，通常连续不断几个月，或是打开孵卵堆释放多余的热量，或是当孵卵堆太冷时添加更多的材料。达瑞尔·琼斯研究这些孵卵堆的建造者们好多年了，他告诉我："我们尚未完全了解它们如何监控孵卵堆的温度。最可能的是，雄鸟和雌鸟的上颌或舌上都拥有一种温度感受器，因为所有种类的塚雉在孵卵堆旁忙碌时都被观察到规律性地衔起满满一嘴孵卵堆的基材。"[40]

对于那些自己孵卵的鸟，雏鸟必须既要感受到其他雏鸟（如果有多个雏鸟）也要感受到它们的父母。南美的日鸦（一种我在厄瓜多尔没能找到的鸟）提供了一个非常特别的例子来说明亲鸟和雏鸟需要通过触觉来感受到对方。这种神秘的、鲜为人知的鸟将巢建在缓慢流动的河流沿岸的茂密植被中，一窝卵2~3枚，仅仅需要10天的孵化时间。刚孵化出来的雏鸟未睁眼，完全没有羽毛，非常脆弱，更像雀形目鸟类的雏

鸟的感官

鸟，而不是非雀形目的。值得注意的是，雄性日鹛随身将两只雏鸟携带在每一边翅膀下面特化的皮肤形成的育儿袋中，它可以带着雏鸟飞行。发现这一点的墨西哥鸟类学家米格尔·阿尔瓦雷斯·戴尔·托罗描述了发现的过程：他当时一直在观察的一个巢中，一只雄鸟飞出来，他看到雄鸟飞行时有"两个小小的脑袋从翅膀下面的羽毛中伸出来"。意外的是，雌鸟没有这种育儿袋，其他两种亲缘关系很近的鳍趾鹛也没有。那两种鳍趾鹛的雏鸟孵化时就已经发育良好了。日鹛雄鸟的育儿袋显示了最独特的适应性，并且由此产生的问题是：新孵化出的雏鸟是通过什么触觉感受器来保证它们待在正确的位置的？成年雄鸟又是通过什么触觉感受器让它在起飞之前了解到雏鸟是完全安全的？[41]

在一些巢寄生的鸟类中，刚孵化出来的雏鸟的敏感触觉有更阴险的一面。黑喉响蜜鴷是一种热带的巢寄生鸟，它们的雏鸟对待它们同巢的"伙伴"特别可怕。刚孵化出的黑喉响蜜鴷眼睛还没有睁开，但却在它向下钩的喙端武装着一种针尖状的结构。它们就用这种结构杀死宿主的雏鸟，使它能够获得养父母带回巢的所有食物。第一次看到这个看上去就邪恶的结构时，我推测响蜜鴷的雏鸟会简单地刺穿宿主雏鸟的头骨和身体，但事实并不是这样。使用装在宿主小蜂虎巢中的红外摄像机，克莱尔·斯波蒂斯伍德观察到响蜜鴷雏鸟使用它尖锐的喙抓住一只蜂虎雏鸟，然后像一只斗牛犬一样仅仅靠甩动蜂虎雏鸟直到杀死它。如果宿主雏鸟比较强壮，它会分多次行动，利用暂时停止抓住蜂虎的时间喘口气，然后再次开始。因为它的眼睛还没有睁开，并且在蜂虎的洞穴巢中一片黑暗，鸟类学家猜测响蜜鴷雏鸟大概根据运动（触觉）和温度来推测是否还需要更多次的甩动。一旦宿主的雏鸟死亡，响蜜鴷雏鸟就不再对它有反应，然后不幸的蜂虎父母会将尸体从巢中移出去。[42]

　　大杜鹃雏鸟通过直接将宿主的卵或雏鸟推出巢外来排除任何的竞争已广为人知。和响蜜䴕的雏鸟一样，它孵化时眼睛也是未睁开的，依赖一种敏锐的触觉来侦测并排挤宿主的卵和雏鸟。在爱德华·詹纳1788年直接观察到巢寄生的杜鹃的排挤行为之前，很多人认为是成年杜鹃移走了宿主的卵或者雏鸟。更重要的是，对一只新孵化出的杜鹃雏鸟能够或者将会表现出这样一种显然邪恶的行为，很多人表示难以置信。但一旦詹纳提醒了他们，这些怀疑者很快就亲眼目睹了这一行为。"针对母性情感的一种骇人听闻的暴行"，吉尔伯特·怀特在《塞尔彭自然史》中这样称呼这一行为。在孵化出几个小时后，杜鹃雏鸟开始这一动作，将宿主的卵或雏鸟安置在背部肩胛之间的一个小凹陷中，一次一个。靠着巢的边缘，用腿支撑起自己，幼小的杜鹃举起每一个受害者，掀出巢去。尽管没被检查过，但杜鹃雏鸟背部的"坑"一定分布有很多触觉感受器，每次有一枚卵或雏鸟尺寸的物体接触到这一部分时，就引发了排挤反应。几天后，杜鹃雏鸟的排挤反应消退了，这时它通常已经移除了宿主所有的卵或者雏鸟，有时甚至是其他杜鹃的卵或雏鸟。[43]

　　我自己主要的研究集中在鸟类的混交行为上：鸟类的不忠在行为学、解剖学和演化上的意义。有些鸟交配时间很长，或每天交配很多次，所以经常有人问我：鸟类享受性吗？

　　一些种类，比如林岩鹨，交配速度非常快——通过高速摄影计时，它们交配时间约十分之一秒，很难想象这能产生很多快感。另一方面，这些鸟的生活也是加速的，因此一只林岩鹨的十分之一秒相当于一个人的几分钟。事实上，大多数小型鸟类的交配时间只有一两秒钟，没有迹象表明

鸟的感官

这种被委婉地称为"泄殖腔之吻"的交配有任何生理上的愉悦。[44]

也有其他一些鸟的交配时间长得多，但依然没有显示出愉悦的迹象，更不必说入迷。例如，马达加斯加的马岛鹦鹉是鸟类中交配最持久的种类之一，最多到一个半小时，并且交配结合构造非常复杂，特别像狗的交配。首次目睹狗交配结相连在一起时的狗主人常常很困惑发生了什么，尤其是因为两只动物把脸转离对方——雄犬把身体转过来了。马岛鹦鹉的交配结相连时更有礼貌，两只鸟依然并排坐着，雄性轻啄他伴侣头上的羽毛（并且好像是在她耳边甜言蜜语），而它们的生殖器相接锁在一起。严格地说，马岛鹦鹉雄鸟并不像狗那样有阴茎，但它有很大的球状泄殖腔突起，当其进入雌性体内时，就变得充血膨胀（这点很像公狗的阴茎），有力地将雄性的泄殖腔突起锁在雌性的泄殖腔中。两只鸟并排坐着，但很少有活动，甚至更少显示出愉悦。这种不寻常的行为的功能及其相应的特别的解剖学特征，正如我的博士生乔纳森·埃克斯特龙所展示的，是一种精子竞争：马岛鹦鹉是混交最强烈的鸟类。[45]

我对这个物种着迷是缘于一位同事，罗杰·威尔金森当时在切斯特动物园担任鸟类馆馆长。他给我发了一些他的马岛鹦鹉在它们那长时间而又奇异的交配过程之前、之中和之后的照片。随后不久，也很巧合，我的另外一个同事，曾经在马达加斯加有过观鸟经历并且看到过野生马岛鹦鹉交配的安德鲁·科伯恩给我发来一条消息："我知道你对鸟类交配感兴趣。"下面接着描述了和罗杰的鹦鹉完全同样的行为。我决定把这作为一个有趣的研究项目交给我那勇敢又有事业心的学生乔纳森——这也确实是一个艰苦的项目。除了要应对高温和高湿度，以及爬到巨大的猴面包树的树冠上，然后向下进到中空树干的基部看那里的鹦鹉巢，他还要充当极度营养不良的当地人的业余医生。

虽然如此艰苦，他还是得到了一些显著的成果。简单地说，这种鸟的繁殖和其他的鸟不同。雌鸟通过鸣叫来吸引雄鸟；雄鸟从森林中出来和雌鸟交配——几天之内雌鸟会与数只雄鸟交配。之后雌鸟独自孵卵，当雏鸟孵化出后，雌鸟再次鸣叫，雄鸟们也再一次出现。这一次，雄鸟反刍水果喂给雌鸟，雌鸟再喂给雏鸟。DNA 指纹分析显示，几乎同一窝里的每只雏鸟都有不同的父亲。而且值得注意的是，担当一窝雏鸟的父亲们的雄鸟，实际上也是散布在这马达加斯加森林中各处其他巢的后代的父亲——它们对此并不见外。与威洛比和雷一样，我也乐意将这样不寻常的繁殖行为演化出来的原因留给其他人去发现。但我们有理由相信：这个物种长时间的交配几乎可以肯定是为应对雌性混交造成的激烈的精子竞争而演化出的。雄鸟通过独特的交配结合构造导致的长时间交配过程，使自己让雌鸟的卵子受精的机会最大化。我们还不知晓是否雌鸟或它的雄性伴侣们能从这种交配中获得任何愉悦，但是要完全表达出这样的行为，肯定至少需要一定的触觉敏感性。[46]

但是，有一种鸟表现出来的性愉悦非常明显：红嘴牛文鸟，一种椋鸟大小的非洲鸟类。1868 年 2 月，查尔斯·达尔文在准备他关于性选择的书期间，写信给他最欣赏的笼养鸟信息提供者约翰·詹纳·韦尔，询问他是否可以"想到一些有关一只雌性选择特定的雄性，或反过来一只雄性选择特定的雌性，或雌性对雄性很有诱惑力的例子，或者其他相关的例子"。韦尔立刻回信，描述了他养的几种鸟的求偶和交配行为，包括牛文鸟，说这种鸟"没有什么特别之处"。[47]

韦尔大错特错。在雄性牛文鸟的泄殖腔前面有一个假阴茎：一个2厘米长的肉质附属器官。看这种鸟日常生活的忙忙碌碌，你可能不会知道它们的解剖结构有什么不寻常的地方——它的假阴茎是被黑色的体羽遮盖着的。如果把牛文鸟握在手里翻过来，轻轻吹开它下腹的羽毛，这种奇特的结构就一览无余。多产的法国海军药剂师兼博物学家勒内·普里梅韦勒·莱松（1794年~1849年）第一次描述了这一结构，发现了牛文鸟在鸟类中的独特之处。

因为着迷于莱松和俄罗斯鸟类学家彼得·苏什金的描述，我决定做进一步的研究。我相信这种非常特别的结构的演化一定与精子竞争相关。第一步就是亲自去检查标本，并且很幸运，我偶然听说在纳米比亚的温特和克博物馆里有一个标本可以给我查看。通过邮寄如期到达的浸制标本非常完美：一只正处于繁殖期的雄鸟。随标本的说明注释说：这种鸟在纳米比亚是"垃圾"，因为在水泵的风车上建造它们巨大的树枝巢而被当地农民视为害鸟——从干燥的土壤中获取水对当地人的生存至关重要。我的解剖证实了苏什金的观点：假阴茎是结缔组织形成的坚硬圆柱，中间没有任何管道，没有明显的血液供应[i]，并且，根据之前的描述，也没有神经组织。这很古怪，表面上看起来像是阴茎的器官竟然对触觉不敏感。在我的鸟类繁殖生物学研究中还几乎没有遇到过比这个更有雄风的特征。

值得注意的是，我的解剖显示，这种鸟有着相当大的睾丸，这明确

---

i —— 译者注：根据 Gregory Dean Bentz 发表于 1983 年的文章 *Myology and Histology of the Phalloid Organ of the Buffalo Weaver*，这一阴茎状结构的中间有一些血管。

标志着雌性的混交和激烈的精子竞争。研究一步接着一步，在我们了解到这一点之前，我和我那富有热情的年轻研究生马克·温特伯顿在纳米比亚开展了一个研究牛文鸟的项目，进行田野调查。初看上去，牛文鸟非常容易研究。在一些地方，这种鸟非常常见，几乎每一个风车上面都有它们那夺目的多刺的巢，很容易接近。稍微麻烦些的，是它们在金合欢树上筑的巢，以及一组悬挂于我们在狩猎农场租的房子上的巢。每天早上一醒来，就听到雄性牛文鸟的叫声，这美妙得令人难以置信。

的确如此。它们的巢——有时候宽达 1 米，包含多个巢室——通常由一两只雄鸟作为一个团队建造。在我们房子上面的几个巢属于几个团队，或者如我们称呼的"同盟"。我们捕获了这些雄性，并给它们戴上彩色的志环，这样我们就可以分辨不同的个体。但这里没有雌鸟。清晨的时候，雄鸟会花时间给巢添加一些树枝并且偶尔表达炫耀或者和其他"同盟"的某只鸟争吵。然后，一天早上，毫无预兆地，我们环志的这些雄鸟们突然开始狂热地炫耀，拍打翅膀、点头、鸣叫，因为有一小群雌鸟在上空飞过。它们没有停留，这些雄鸟的热情随着雌鸟的消失而迅速消退了。最终马克和我明白了：牛文鸟的繁殖系统是完全机会主义的，完全依靠雌鸟看上哪一组雄鸟（或它们的巢）然后决定留下来繁殖。我们房子上方的那些雄鸟显然无可救药地没有吸引力，在我们第一个为期 4 个月长的野外工作季中，它们没有进行繁殖。

农场的其他地方要好一些，很快我们在另外一个群体中目睹了一群雌鸟的到来并且非常快速地开始繁殖。但我们最感兴趣的是它们的交配：雄鸟到底怎么使用它们的假阴茎？当地黑人农场工人告诉我们，我们是在浪费时间，因为他们知道雄性为什么拥有这种结构：他们说，这是雄鸟在建造它们的巢期间用来携带带刺的金合欢树枝的装置。不过，我们进行的大量观察显示没有任何证据支持他们的说法。当地人一定也知道这一点，所以很奇怪为什么民间持续流传这一特别的说法。

目睹交配是很困难的，一天早上，我看到一只雌鸟离开了她的巢室，我认为她当时是有目的性的。雌鸟快速地沿着地面低飞到远离繁殖群的地方，她不寻常的飞行方式不仅立刻让我警觉，巢的两只男主人之一也立刻跟上她。两只鸟飞到大概 200 米外，然后并排落到一根低低的金合欢枝条上。我也跟上去，但在 40 摄氏度高温中快跑是一件辛苦的事。我汗流满面，勉强稳住我的望远镜，看到两只鸟并排相互炫耀，一上一下摆动身子。起初它们的摆动并不同步，但很快它们就摆动得一致，越来越快，达到顶点。就在我认为雄鸟将会爬上雌鸟，我将会看到假阴茎发生什么的那一刻，雌鸟又飞了起来。雄鸟跟上，我也跟着，我们都重复着刚才的表演，但没有结果。它们一再飞走，我最后终于跟丢了。它们无视我的存在，所以不是被我吓跑的；这只是雌鸟精心测试雄鸟的方式。

在三年的研究中，马克和我只目睹了只手可数的几次交配。大部分都发生在同步摆动之后，并且所有的交配都格外漫长。雄鸟紧贴着雌鸟的背，以极其不寻常的姿势向后倾斜，在看上去轰轰烈烈的泄殖腔结合时拍动着翅膀保持平衡。另一方面，雌鸟看起来几乎进入恍惚状态，忍耐着雄鸟无止境的碰撞和折磨。但最令人沮丧的是，我们完全看不见假阴茎发生了什么——我们离得太远了，而且有太多羽毛遮挡。如果我们要解决这个问题，观察野生牛文鸟不是个办法。我们需要在笼养条件下观察它们。

　　当我还是孩子的时候，非常热衷于养鸟。我还记得在英国的养鸟人报纸《笼子和笼养鸟》（*Cage & Aviary Birds*）上看到过卖牛文鸟的消息。但时过境迁，30 年之后，我再看这份报纸，已经没有牛文鸟卖了。气馁之下，我们决定从纳米比亚捕捉一些带回英国。我很难相信我们当时竟这样做了：申请许可，安排空运，兽医提供健康证明，等等。我怀疑我们能被允许带走这些鸟只是因为它们被认为是一种害鸟。实际上，我们最终将这些鸟运到了德国南部的马克斯·普朗克鸟类学研究所，我的一些同事在这里工作，并且这里有一位技术人员：富有热情的养鸟专家卡尔－海因茨·西本罗克。

　　这些牛文鸟——12 只雄鸟和 8 只雌鸟——很快就用上了卡尔－海因茨提供的山楂树枝代替它们通常使用的带刺的金合欢树枝。我很乐观，相信这些鸟至少会交配。在开始研究之前，我拜访了切斯特动物园和那里的鸟类馆馆长罗杰·威尔金森（给我马岛鹦鹉照片的那位），他们有 3 只雄性牛文鸟养在一个非常大的笼子里。我们看了这些鸟，罗杰甚至还请我把我们的牛文鸟带到他那儿（我拒绝了，因为我觉得德国南部温暖的夏季气候可能更有利于繁殖）。当我走进动物园的巨大鸟笼寻找待在（并不合适的）郁郁葱葱的热带植物中的牛文鸟的时候，一个异常的运动吸引了我的目光，举起望远镜，一个非同寻常的景象映入我眼帘。其中一只牛文鸟正卖力地反复和一只小巧纤细、看上去茫然失措的斑鸠交配。牛文鸟不停地交配，斑鸠低低地蹲伏并且拼命紧贴着枝条。缺乏雌性导致牛文鸟明显产生了沮丧感，但这一幕也显然表明雄牛文鸟不但仍然对交配拥有高度的热情，而且交配也一样持久。

我们饲养的雄性牛文鸟不但同样热衷于交配，它们还有真正的雌性牛文鸟的额外刺激。马克待在德国观察，定期发给我他对鸟的观察的进展报告。事实上，一旦雄性兴奋起来并进入繁殖状态，它们对性的热衷就没有止境。我们需要的一个东西是精液样本，之前笼养作为我们研究物种的温和得多的斑胸草雀时，我们已经开发出一种获得精液的新技术。将一个摆成征求交配姿势的冻干雌斑胸草雀标本展示给一只雄鸟看通常足以刺激它向标本求爱和交配，这样我们可以从安装在雌鸟标本身上的假泄殖腔中提取雄鸟的精液。我建议马克同样用我们之前找到的一只死雌性牛文鸟来尝试。马克告诉我，结果真是太惊人了。雄牛文鸟立刻骑到假的雌鸟身上，投入到完整漫长的交配中，提供给我们所需的大量精液样本。后来，马克给我看他设置的被交配的雌鸟的照片，我被吓到了：这仅仅是一个看起来像漫画的鸟，用金属丝框架做的身体，顶着鸟头和翅膀。但它发挥了作用，雄鸟无法抗拒她的诱惑。

雄性牛文鸟放纵的性冲动有如天赐，因为这意味着我们可以为了寻求理解它们阴茎状器官的功能而在不严重干扰它们行为的前提下对它们做一些处理。几乎其他任何物种在这种情况下都会放弃繁殖的企图，但牛文鸟不会。记录到大量雄牛文鸟与真正的雌鸟间的交配行为，并且使用多种技术，马克明确地展示：与我的期望相反，在交配中阴茎状器官并没有插入雌性的泄殖腔。首先，近距离拍摄的视频没有显示雌鸟被插入；其次，将一小片海绵塞入假雌鸟的人造泄殖腔，海绵在交配中从来没有被移位；最后，雄鸟的阴茎状器官在交配后几乎基本上没有被润湿，而一个阴茎模型轻轻插入雌鸟泄殖腔后通常都会湿润。

最令人惊奇的结果是，在整整 30 分钟精力旺盛的纵欲之后，雄鸟出现了性高潮的表现。这是闻所未闻的：已知世界上还没有其他鸟有性高潮的记录。对此马克十分兴奋，从德国打电话来告诉我。我一开始很怀疑："你怎么知道雄鸟经历到了性高潮？"的确，如何能够判断其他物种的雄性是否能以我们类似的方式体验到这种销魂的感觉呢？马克找到答案的方式听起来有点不可思议，甚至有悖常理，但生物学家有时候不得不在他们寻求真相的过程中做一些搞笑的事情。

在长时间的骑跨交配期间，雄鸟用阴茎状器官围绕着雌鸟泄殖腔区域摩擦，同时刺激它自己和雌鸟。鉴于这一点，马克决定用手给一只雄鸟按摩同样长的时间看会发生什么。在马克轻轻地挤按雄鸟的阴茎状器官 25 分钟之后，结果惊人：鼓翅变慢成了颤抖，整个身体战栗，爪紧紧抓握马克的手，雄鸟射精了。[49]

我们在这里得到了一个一直很希望在鸟类——好吧，至少是牛文鸟——身上得到的令人信服的证据，它们的生殖区域的确有丰富的触觉。这一结果也公然挑战了那些没有在阴茎状器官中寻找到任何神经组织存在的证据的研究者们。怎么会没有神经组织呢？要引发这么戏剧化的反应，在阴茎状器官内部一定有一些感觉机制。这提示我需要再次查看。使用了被农民打下来的两只雄性牛文鸟和两只雌性牛文鸟，我把它们的阴茎状器官寄给在德国的神经生物学家泽德涅克·哈拉塔。在制作了光学显微镜下检查使用的薄切片和在电子显微镜下检查用的超薄切片后，泽德涅克着手寻找神经组织。它确实存在：在雄鸟中很明显，但在雌鸟中不太明显，其中包括游离神经末梢和触觉敏感的海氏小体（虽然比他遇到的其他物种的其他身体部位中的少得多）。要做进一步推测也许很难，但也许已经足够了。

在人类男性中，与性高潮相关的是游离神经末梢和除此之外的很多组织器官。事实上，性高潮被定义为"认知、情感、体细胞、内脏和神经的过程的集合"，或者被更诗意地称作"在星光中沐浴"。[50] 有趣的是，人类男性的阴茎中的感觉受体并不是那么重要，因为在战争或事故中失去了生殖器的男人有时候依然能感受到性高潮。

我们的主要问题是，雄性牛文鸟体验性高潮有什么必要，当然还有，在这么多的刺激之后，雌鸟也能享受到性高潮吗？或许雌鸟会有，但尚没有外在迹象显示她们有。

或许对我们来说最有意义的问题是，雄鸟这种长时间的交配会带来什么优势？看起来很清楚，阴茎状器官是为应对雌性的混交而演化出来的。我们的分子分析结果表明：同一"同盟"中的两只雄鸟都是父亲，而雌鸟也和"同盟"之外的雄鸟交配，所以精子竞争很普遍。一种可能是，雄鸟使用它们的阴茎状器官"劝"雌鸟留住它们的精子，身体的刺激程度越大，她们越可能这么做。换句话说，雄鸟陷入一种军备竞赛中，看谁能够通过长时间的求爱、特别的器官和持续很久的骑跨交配的组合来让雌鸟受到最大刺激。我们没有办法对牛文鸟测试这一点，但是对一种混交的甲虫的研究确切地显示，这种现象是可能的。在对雌甲虫授精后，雄甲虫会在结束交配前通过抚摸雌甲虫的前肢表达交配求爱行为，如果研究者阻止了雄虫表达这种交配求爱行为，雌虫们明显地保留更少的雄虫精液。[51]

总而言之，很明显鸟类的触觉比我们想象的更发达，但我可以说，我依然觉得研究者们还只触及了一些皮毛。一定还有更多的结果有待发现。令人难过的是，比利已经远去，但如果出现驯服另一只斑胸草雀或其他鸟的机会，我一定会抓住机会，因为这将会更容易去设计一些简单而没有伤害的测试来进一步探索鸟类的触觉。

味觉

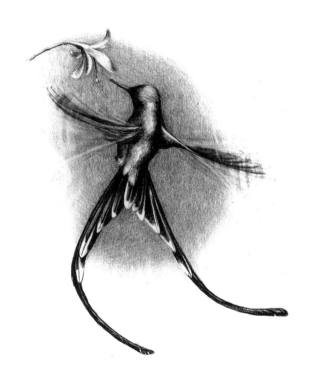

蜂鸟能够尝出花蜜中糖的浓度。图中长尾蜂鸟正在从一朵花中舔舐花蜜——注意舌从喙的尖端伸出：味蕾在嘴里面而不是在舌上。

尽管某些作者因观察程度的不同而对此明确或部分否认；但这些和更多类似的事实……已经充分展示在我们面前，我们认为，可以推断，至少一部分鸟天生具有味觉官能。

——詹姆斯·伦尼，1835 年，《鸟类的官能》

1868 年一天早晨，热忱的业余养鸟人约翰·韦尔带了一些毛虫到他的鸟笼中喂鸟。比起通常的人工饲料，鸟儿们更喜欢这些天然食物，但是这一次韦尔注意到，尽管它们迅速吃掉了一些毛虫，它们却没有再去碰其他的。仔细查看后，他发现，鸟儿吃掉的毛虫都有保护色，它们避开不吃的是那些色彩鲜艳的。韦尔怀疑这和鸟类的味觉有关，他随后又给他的鸟提供了一些巢蛾的幼虫，韦尔知道它们味道不好。大部分鸟都拒绝进食，甚至碰都不碰，但还是有一两只尝了一下就立刻拒绝了，并做出摇头擦嘴的样子，它们显然被刺激到了。韦尔第一次目睹了鸟类有味觉的证据。

约翰·韦尔是依照阿尔弗雷德·拉塞尔·华莱士——和查尔斯·达尔文同时发现了自然选择的那个人——的要求进行这个实验的。达尔文和华莱士都对动物的颜色特别是鸟类的颜色着迷，尤其关注为什么雄鸟通常比雌鸟更艳丽。达尔文对此的解释是这种两性间的不同来源于他称为"性选择"的原因——雌性倾向与更艳丽更有吸引力的雄性交配。[1]

鸟的感官

但这一解释不能应用于另一类动物的颜色：蝴蝶和蛾的幼虫。这些幼虫还未达到性成熟，没有繁殖能力。达尔文在准备他的关于性选择的书[i]的时候，为了寻找对这一现象另外的解释，征求了亨利·贝茨的意见。作为一位技艺精湛的博物学家，贝茨曾经于19世纪50年代在亚马孙进行了范围广泛的旅行，并且详细地记述了那里的昆虫。贝茨转而建议达尔文去询问曾与他共同在南美洲待过的阿尔弗雷德·华莱士。

1867年2月24日，华莱士写信给达尔文道："我几天前见到了贝茨，他向我提到毛虫的不同之处。我认为这只能通过特别的观察来解决。"然后华莱士推测：

> 鸟类……我相信它们对于毛虫有很大伤害。现在假定对那些不是用绒毛，而是用一种讨厌的味道或气味保护自己的毛虫来说，能够不被误认为可口的毛虫会是一个积极的优势，因为我相信哪怕只是被鸟喙轻轻一啄造成的轻微伤口都会杀死一只成长中的毛虫。任何过分华丽和引人注目的色彩，都会明显地将它与棕色和绿色的可食用毛虫区分开，会让鸟很容易将它识别成一种不适合的食物，毛虫由此可以逃过和被吃一样糟糕的劫难。[2]

他继续写道："这可以让那些养了几种食虫鸟的人做个实验检验一下。一般来说，它们应该都会拒绝进食，或大概会拒绝碰那些过分艳丽的毛虫，并且乐意吞下那些有任何保护性颜色的个体。我将会就此事写信

---

i —— 译者注：即《人类的由来及性选择》一书。

给布莱克希斯的詹纳·韦尔先生。"

约翰·詹纳·韦尔和他的兄弟威廉·哈里森·韦尔是博学且可靠的养鸟人，达尔文定期会向他们征求信息。为了响应华莱士的请求，身为会计的约翰·韦尔在业余时间进行了必要的实验，并且在 1868 年初将他的观察结果汇报给达尔文。约翰·韦尔的观察被著名的昆虫学家亨利·斯坦顿证实，斯坦顿在 1867 年告诉华莱士他在完成捕捉和记录蛾子的工作之后习惯于把所有常见的种类喂给他养的家禽。有一次一群火鸡幼鸟贪婪地享用斯坦顿喂给它们的蛾子，但 "其中有一只常见的白色蛾子。一只火鸡幼鸟把这只蛾子啄到嘴里，然后甩头把蛾子吐出来，然后另外一只跑过来吃掉了这个蛾子，接着同样吐了出来，就这样，整群火鸡接二连三地拒食这只蛾子"。这只白色的蛾子正是巢蛾，被韦尔的鸟认为难吃的毛虫的成虫。

华莱士、韦尔和斯坦顿所做的开创性努力已经被较近期的研究者充分证实，其中包括瑞典斯德哥尔摩大学的行为生态学家克里斯特·韦克伦德。他还是鲍勃·迪伦的狂热爱好者！20 世纪 80 年代，韦克伦德和同事们使用

四种不同鸟的没有经验的个体，包括：大山雀、蓝山雀、紫翅椋鸟和西鹌鹑。结果表明以下现象似乎是普遍的：鸟类拥有味觉，在啄食了难吃的和有警戒色的昆虫后，基本上会立刻吐出来。（或者完全不伤害那些昆虫——大概不是因为出于情感关怀或者宽宏大量，而是根本不想让那么糟糕的东西进自己的嘴。）[3]

所有这些观察提供了清晰的证据：鸟类使用它们的视觉和味觉，在脑中将它们猎物的外观和适口性进行关联。在很多物种中都发现了这种警戒色，包括昆虫、鱼和两栖动物，并且正如我们下面将要看到的，鸟类也有。

即使到了达尔文的年代，鸟类是否拥有味觉依然没有定论。一方面，鸟类的硬质喙和我们自身的柔软、敏感的嘴非常不同，很难想象什么鸟能够品尝味道。人类的嘴是一个了不起的结构：柔软、湿润，有一个大的肉质的舌头，无论是在吃东西还是湿吻的时候，舌头都对味觉、温度和触觉非常敏感。我们的嘴和鸟类的差别如此之大：鸟类的喙是硬质的，通常末端是尖锐的，而在嘴的内部也明显没有多少东西可能有感觉能力。大多数鸟类的舌头是僵硬、不起眼的箭状结构，位于下颚上，初看上去不太像能有很多味蕾的样子。此外，由于鸟没有牙齿，它们不会咀嚼食物而是直接吞下去，这也给人以鸟类没有味觉的印象。所有这些情况加上鸟类的喙限制了与口味相关联的面部表情——美味的愉悦或难吃的厌恶，得出鸟类几乎或完全没有味觉的总体印象也就不足为奇了。[4]

对人类的味蕾的最早描述出现在 19 世纪。然而，在此之前很久人们就对味觉感兴趣。亚里士多德认为味道是从舌头通过血液传递到心脏和肝脏——在公元前 4 世纪，这两个器官被认为是灵魂所在和所有感觉的来源。之后，罗马解剖学家克劳迪斯·盖伦（129 年~201 年）反驳了亚里士多德的观点，他追溯舌头中的神经，发现它们源于大脑基部。1665 年，意大利解剖学家洛伦佐·贝里尼在人的舌头上发现味觉"乳突"（乳头状结构，舌上的乳突也被称为舌乳头），几乎可以肯定的是他受到了马可·马尔皮吉（1628 年~1695 年）于前一年在公牛的舌头上发现的乳突结构的启发。贝里尼的描述非常富有激情："许多乳突非常明显，要按我说是数不胜数，而且外观如此优雅……"他描述这些乳突看起来像"无数在纤细茂密竖立的草叶中冒出来的蘑菇"。直到两个世纪后——19 世纪 50 年代在蛙类和鱼类中，60 年代在人类的舌上——才发现真正的味蕾，即微观的神经末梢。事实上，它们与舌上被强烈地认为和味觉有关的乳突相关联。[5]

苏格兰博物学家詹姆斯·伦尼在 1835 年写了一本《鸟类的官能》，书中提道：尽管"至少一部分鸟天生具有味觉官能"，这一点被"某些作者因观察程度的不同而对此明确或部分否认，比如孟塔古上校和 M. 布卢门巴赫因为观察到几种鸟的舌头是'角质而僵硬的，没有神经分布，因此不适合作为味觉器官'"。但是，正如伦尼敏锐地指出的，"并不能由大多数动物的舌头都是主要的味觉器官，就推断鸟类……无法通过味觉辨别它们的食物。鸟类口中的其他部分或许可以发挥这个作用"。[6]

在那个时候，伦尼几乎是唯一设想鸟类有一定味觉的人，但是稍微想一下，就会觉得鸟类没有味觉是不太可能的。味觉对于区分可食用和不可食用（或危险的）的食物是非常重要的。尽管如此，在 60 年后，阿尔弗雷德·牛顿在他的巨著《鸟类辞典》（*Dictionary of Birds*）中写道：

> 舌通常应该是主要的味觉器官；但鸟类肯定不是这样……确实鸟类的舌上有丰富的感觉小体……是感觉神经的末端器官；但是这些小体

基本都深深地位于不透水的角质鞘之下，所以尽管它们可能会是触觉器官，但不可能作为味觉器官……[7]

当然，最终人们还是在鸟类身上发现了味蕾——鸟类怎么可能没有味觉呢？在那段时间对这一领域最明确的表述是 1964 年由查尔斯·摩尔和拉什·埃利奥特发表的。根据他们的研究，鸟类拥有的味蕾仅分布在舌上，这一观点被之后的研究者们完全接受了。[8]

很快，到了 20 世纪 70 年代，那个时候荷兰莱顿大学的赫尔曼·伯克奥特还是一位年轻的理学博士生。他的研究课题是鸟类的喙中与触觉相关的微观结构。1974 年 1 月的一天，当伯克奥特监督两个学生进行一项解剖学家通常的操作——将一系列薄二维剖面（这次是鸭子的头部）构建成一幅 3D 图像时，他有一个惊人的发现。

伯克奥特将一个个剖面投影到台面用来放大，这样可以更容易地描绘这些剖面。当一张特别的图像出现时，他注意到一些不同寻常的地方。在鸭子喙最尖端的地方，有一些"奇怪的椭圆形细胞簇导向喙尖端内部的一个小孔"。他告诉我："在那一刻，我意识到我（已经）发现了味蕾。这让我激动得好像打了一剂肾上腺素。"这是全新的发现。所有之前对鸟类味蕾的研究都说它们只出现在舌头上或者口的后部。

伯克奥特的发现使得他将研究主题从原本的触觉转向味觉。而几年之前，他所在学院的一些同事给他展示过绿头鸭拥有的一项惊人能力：仅仅通过用喙觅食，就能区分普通的豌豆（绿头鸭爱吃的）和处理过的味道不好的豌豆。绿头鸭从不会弄错：它们总能够挑出美味的豌豆。搞清楚它们如何有这个能力成为伯克奥特的主要研究目标。

接下来的几年里，他对绿头鸭的喙做了细致的显微检查，结果显示在绿头鸭的上下颚中一共有大概 400 个味蕾，而相对于之前的研究而言相当奇怪的是，在绿头鸭的舌头上一个味蕾也没有。这些味蕾分布成独立的 5 组，4 组在上颚，1 组在下颚。下一步工作就是弄明白为什么味蕾分布在这些地方。为了这项研究，伯克奥特使用了一个很巧妙的技术：用高速 X 光摄影机拍下鸭子挑选和吞咽食物的过程。视频显示这些鸟搜寻食物的点（喙端）以及食物进入喉咙时和嘴内部接触的点同味蕾分布的位置完全一致，这为绿头鸭区分正常的豌豆和人为处理过不好吃的豌豆的能力提供了一个清晰的解释。[9]

任何博士研究的一个重要组成部分就是需要去彻底熟悉之前已经发表过的关于特定的研究主题的内容。这是学术研究非常重要的部分，否则非常容易出现"重新发明轮子"的悲剧。此外，了解早先的研究者都做过什么，能够引导研究者做出他们自己的发现并避免前人的工作中已经发现的误区。但有时候，如果早期的文献是另外一种语言的，就可能不会被读到。由于可以流利地使用德语，赫尔曼·伯克奥特惊讶地发现发表于 20 世纪头十年的一系列论文已经完全超越了之前所有的味觉研究者。第一篇前所未闻的论文是由切尔诺夫策大学的尤金·博泰扎特发表的，他于 1904 年就在麻雀幼鸟的舌头上发现了味蕾。第二篇的作者是柏林大学的沃尔夫冈·巴特，他在 1906 年确认了鸟类味蕾的存在并且很明显地展示了如博泰扎特所说过的，其分布并不仅局限于舌头上。[10]

　　伯克奥特有些失望，他的研究结果不是如他开始所想的那样是全新发现，尽管如此，他还是被这些德国解剖学的发现吸引了。他也意识到自己的发现开辟了一些令人兴奋的研究机会，并很好地抓住了这些机会。采用新的高效方法来寻找和统计味蕾，伯克奥特绘制了味蕾在鸭子嘴里的分布图。因为之前的研究者不知道博泰扎特和巴特的论文，而坚持将他们的努力集中在舌头上，所以严重低估了鸟类拥有的味蕾的总数。

　　我们现在知道，鸡有 300 个味蕾；依据伯克奥特的研究，绿头鸭有大概 400 个；鹌鹑只有 60 个，而非洲灰鹦鹉至少拥有 300~400 个。但除了这少数几个物种，我们依然对鸟类拥有的味蕾总数所知非常有限。如果你去看教科书上关于感官的内容，会发现书上已经列出一些不同的鸟拥有的味蕾数量，包括蓝山雀、红腹灰雀、斑鸠、紫翅椋鸟以及一种不明种类的鹦鹉。然而据我所知，这些数据都是低估的，因为它们只统计了在口中的那部分味蕾。[11]

　　对于大部分鸟来说，味蕾都位于舌的基部、上颚和喉的后部。因为唾液（或者至少是水分）对于味觉非常重要，许多味蕾都分布在唾液腺的开口附近，这并不奇怪。基于已知的有限信息，鸟类拥有的味蕾相对于人类（10,000 个）、大鼠（1,265 个）、仓鼠（723 个）和某种鲶鱼（100,000 个）要少得多。[12]

　　尽管一般认为某种特定感官的发达程度和这种感觉组织的数量存在相关性，但实际上味蕾的数量并不能告诉我们多少关于鸟类能够品尝到什么或者它们区分不同味道的能力有多好的信息。

在 20 世纪 20 年代，科学家伯恩哈德·伦施和养鸟人鲁道夫·诺伊恩齐希研究了鸟类区分不同味道的能力。他们通过简单的实验测试了 60 种鸟：在鸟的饮水中添加不同的化学药品来创造四种主要的味觉刺激——咸、酸、苦、甜，这正是人类拥有的四种味觉。然后将这些鸟的饮水量与喂给纯水的对照组的饮水量做比较。在之后的研究中，他们改进了实验设计，同一只鸟被给予两个装水容器，一个里面溶解了测试物，另外一个里面装的是纯水。鸟类偏好其中一个或另一个都被认为是鸟类能品尝不同容器中水的味道的证据。[13]

这些研究证实，尽管鸟类拥有的味蕾数量较少，但是它们依然能够尝出和我们一样的味觉种类——咸、酸、苦、甜。（但尚不清楚它们是否能够尝出最新发现的人类的味觉种类：鲜味，即可口的氨基酸的味道。）我们也知道蜂鸟能够尝出花蜜中的含糖量差异，食果的鸟能够基于含糖量区分果实是否成熟，而鹬这样的涉禽能够在湿润的沙中尝到蠕虫的存在。[14]另一方面，已知鸟类与人类对于某些特定的味道的反应非常不同。鸟类好像对辣椒素没有反应，而这种物质让我们感到辣椒的辣；实际上，在 19 世纪晚期，养鸟人给他们的金丝雀喂红辣椒来让它们的体羽变红，没有证据表明那些鸟吃了辣椒会不舒服。[15]尽管如此，一篇发表于 1986 年的关于鸟类味觉的重要文章总结道："人们通常假设鸟类和人类的感觉相同，这已经妨碍了对鸟类味觉的研究。"[16]

　　　　　　　　　　　　　　　　鸟的感官

1989 年，芝加哥大学的博士生杰克·杜姆巴彻做出一项惊人的发现。杰克当时在研究巴布亚新几内亚凡瑞拉塔国家公园的新几内亚极乐鸟。他和同学设网捕捉他们研究的极乐鸟，但是这些网也会经常捉到其他种类的鸟。最常被误捕到的种类是黑头林鹏鹟，这种鸟有着夺目的橙色和黑色体羽。黑头林鹏鹟是一个麻烦，它们除了很难闻外，还总是会在解网的时候不停挣扎。有一次，一只鸟在杜姆巴彻抓着它时挠破了他的皮肤。而杜姆巴彻吮吸伤口后不久，发现自己的嘴麻木了。当时他没有把这个当回事，但是一段时间后，另一个学生也报告了同样的情况，这让杜姆巴彻开始怀疑这种林鹏鹟有某些特别之处。那一季他没有时间检查，但是到了第二年，杰克从他刚抓到的林鹏鹟身上取了一根羽毛尝了尝。那感觉好像触电。在羽毛上有一些东西令人非常不适。

　　几个月之后，杜姆巴彻的导师布鲁斯·比勒到访，杜姆巴彻告诉他自己的发现，谦虚地想了解这是否可以写成一个有趣的报告发给当地鸟类杂志。比勒激动得要爆发了："你是说你发现了一种有毒的鸟吗？……这应该登在《科学》杂志的封面上！车赶快掉头！我们要回镇上去申请研究这种鸟的许可！"

　　布鲁斯·比勒可能比任何人都更了解新几内亚的鸟——他写过一本最权威的《新几内亚的鸟》（*Birds of New Guinea*），他立刻意识到杜姆巴彻的发现非同寻常。他很惊讶之前没有人提到过黑头林鹏鹟的羽毛有毒——这种鸟在 19 世纪中期就被描述了，在当地很常见，而且在全世界的博物馆里有几十个剥制标本。

　　实际上当地人对黑头林鹏鹟十分了解，他们称之为"wobob"，字面意思是"拥有会让人撇嘴的苦味皮肤的鸟"。杜姆巴彻的一位同事告诉他，黑头林鵙鹟另人不愉快的味道曾经在一本由新西兰鸟类学家拉尔夫·布尔默和当地人伊恩·萨姆·马伊耐普写的"老书"里提到过。老书？当我去查看时，发现这本书是在并不久远的1977年出版的。当杜姆巴彻去翻阅这本书时，惊讶地了解到，除了"wobob"，当地人还知道另外一种难吃的新几内亚鸟——生活在高地上的蓝顶鹛鹟，当地人称之为"slek-yakt"，意思是"苦味的鸟"。[17]

杜姆巴彻希望知道这些鸟羽毛上的有毒物质是什么，十分走运，他直接找到了世界上唯一能够帮助他查明这种毒素的人。约翰·戴利是美国国立卫生研究院的药理学家，多年以来一直研究南美的箭毒蛙产生的毒素（南美蟾毒素）。杜姆巴彻告诉我：

> 我也非常幸运能够与世界上唯一一位能够毫不费力地在实验室中分离和鉴定南美蟾毒素的化学家一起工作。我们当时非常怀疑我们最初的发现（部分因为这些毒素好像不太应该出现在一种新几内亚的鸟类身上），从好几只鸟身上提取毒素重复检验后才确信我们的结果。这些毒素确实存在，在大量的采集和检查工作后，我们甚至（从鸟类中）发现了几种之前没有在箭毒蛙中发现过的新蟾毒素成分。[18]

黑头林鵙鹟羽毛和皮肤中的毒素来自于它的食物（含有这些毒素的有毒动物）：拟花萤科 *Choresine* 属的甲虫。新的蟾毒素比番木鳖碱毒性更强。实际上，如果将黑头林鵙鹟羽毛的提取物注射给小鼠，它们会抽搐并死亡，这是其毒性相当令人信服的证据。

到目前为止，杜姆巴彻和同事们总共在新几内亚发现 5 种有毒的鸟，包括黑头林䳡鹟、锈色林䳡鹟、黑林䳡鹟、杂色林䳡鹟和蓝顶鹛鹟，这些鸟都有同样的毒素，通常都会散发出一股强烈的刺鼻气味。演化出这种毒素最初可能是为了杀死吃羽毛的羽虱，然后才逐渐发展为可以威慑更大的捕食者。杜姆巴彻从来没有见过任何一只猛禽试图抓住或杀死这些难吃的鸟，也就没有机会观察猛禽的反应，因此我们不知道它们是否会发现这些鸟并不好吃。不过他已经对蛇做了一些实验，告诉我："棕树蛇和绿树蟒都对毒素有强烈的反应，表现出痛苦并通常会被毒素激怒，但我们还没有能够进行足够的实验来证实（或质疑）这些蛇会学会避开毒素。"他还说道："我个人认为积累这种毒素最大的好处是在繁殖期有利于保护缺乏防御的巢（卵和雏鸟），以及在鸟休息时避免捕食者的攻击。之前的一项对黑头林䳡鹟巢的描述指出，全身绒毛的雏鸟颜色已经很鲜艳，因此我总是希望找到一个正在使用中的巢来测试毒素，但是我没有这么好运。"杜姆巴彻的设想是，在孵卵期间，成鸟羽毛上的物质会沾在卵上，并以此保护卵免于被蛇这样的捕食者吃掉。[19]

杜姆巴彻和比勒的论文于 1992 年 10 月如期发表在《科学》杂志上，还上了封面照片，向科学世界宣告这种难吃的、有毒的鸟的存在。[20]论文中提示研究者们报告其他可能会有毒的鸟的例子。这包括约翰·詹姆斯·奥杜邦的一个故事，他给他的猫煮了 10 只他猎到的卡罗来纳长尾鹦鹉（这种鸟现在已经灭绝），专门为了看这些鹦鹉是否有毒。奥杜邦没有明说，但猫再也没有出现过，而且他提到在前一年夏天，7 只猫死于吃长尾鹦鹉。这种鸟吃有毒的苍耳种子，所以这些鸟可能也有毒。[21]

另一个有趣的例子是非常引人注目的墨西哥红头虫莺，《佛罗伦萨药典》(Florentine Codex)最早提到这种鸟是不能吃的，这本书是当地文明尚未被西班牙殖民者征服之前对阿兹特克动植物类群的统计。受到杜姆巴彻发现的启发，研究者们揭示了红头虫莺的羽毛中也含有生物碱，将其注射给小鼠，会导致"不正常的行为"。[22]这项研究还不完善，对一位墨西哥的鸟类学家和生物化学家来说是进行合作的天赐良机。

因为目前还没有人见过捕食性的鸟捕捉林鵙鹟或蓝顶鹛鸫，我们尚不知道它的反应会是什么样。会像杜姆巴彻或者他实验的蛇那样出现厌恶和排斥的反应吗？我猜它会的。

新几内亚的这些不可食鸟类的鲜艳羽色与达尔文和华莱士的毛虫的鲜艳体色起到类似的警告作用：不要吃我，我不好吃！无论是达尔文还是华莱士都不曾想过鸟类也真的会有警戒色，大概主要因为对我们来说大多数鸟，鸭子、丘鹬，甚至是云雀和鸫都很美味。

杰克·杜姆巴彻的发现令人信服地展示了鸟类可能会并不可口，并且难吃的味道和鲜艳的羽色会相关联。然而，这并非前无古人，在50年前就曾经是一个热门的研究主题。

1941年10月，剑桥动物学家休·科特（1900年~1987年）正在埃及为英国军方服务。当时，他休了一周的假把他之前猎到的一些鸟剥皮，准备将它们制成标本。动手时他发现一些不寻常的情况。在他工作台下面放着一只棕斑鸠和一只斑鱼狗的尸体。一些胡蜂在大吃棕斑鸠，但却对旁边躺着的斑鱼狗视而不见。棕斑鸠的颜色毫不起眼，斑鱼狗则是鲜明的黑白色。这引起了科特的思考。科特对动物的颜色很感兴趣，他那现在已经成为经典的书《动物的颜色》(Animal Colouration)

在前一年已经出版。[23] 如科特后来所说，他遇到的这些胡蜂是"一个很好的例子，说明偶然的机会以及十分意外的观察可能会启发并导向一个富饶但还缺乏探索的研究方向"。[24]

在那个时候，鸟类的鲜艳羽色可能起到保护作用并使它们免于被潜在天敌攻击的想法还是异想天开，于是在接下来的 20 年中，科特不懈地努力证实这一点。使用胡蜂、猫和人作为他的"品尝师"，加上对其他一些吃鸟动物的记录，科特评估了包括麝雉、锡嘴雀、戴胜和家麻雀在内的很多种鸟的适口性。他得出结论说，真正好吃的鸟——比如丘鹬、松鸡或鸽子——的颜色都是暗淡或者具有隐蔽性的；反之，那些不好吃的种类具有更丰富的颜色——警戒色。他的发现最终发表在 1945 年的《自然》杂志上。[25]

科特的研究其实充满漏洞。公平地说，问题的一部分在于自 20 世纪 40 年代以来，科学研究的本质发生了巨大的变化，科特的方法在当时看起来最多是有些古怪，而以今天的标准来看根本就是不合适的。举例来说，在给鸟类体羽颜色的鲜艳程度打分时，科特只对雌鸟进行评估，而忽略了雄鸟和雌鸟经常明显羽色不同的事实。（太不方便？）他只是假设（但从没有验证过）雄鸟和雌鸟尝起来味道一样。科特也只是尝了生肉和煮过的肉，而不像杜姆巴彻，（虽然是意外的）尝了林鵙鹟的羽毛——毕竟，羽毛是捕食者首先要尝到的。还有，正如我们已经说过的，人类的感觉不足以作为鸟类感觉的一个衡量标准，所以我们尝起来不好吃的东西对猛禽或蛇来说尝起来也许不那么糟。退一步说，我们也知道科特的一些消息提供者并不是多么可靠。[26]

不太可能会有人再以更严格的方法来重做科特的研究，但是，就我个人而言，依然对**总体上的**鸟类体羽的鲜艳程度和鸟类适口性的联系保持开放态度。因为有充分的证据表明，羽毛的鲜艳程度在鸟类配偶选择中扮演重要的角色，任何对体羽颜色和不适口性的重新评估也都应该将这一点纳入考量。另一方面，我们现在知道至少一些鸟类拥有发达的味觉并且基于这一点它们可以学会拒食某些昆虫。原则上，开展一些简单的实验来探究某些鸟对于它们的捕食者来说是否适口并不困难。举例来说，喂给一些笼养的新几内亚猛禽一片包裹有林鵙鹟羽毛的肉（足够测试它们的反应即可，不要让它们有严重中毒的风险），观察它们有什么反应。

作为这一章的结尾，我们可以确认鸟类的确拥有味觉。鸟不会像我们这样做出表情，所以必须通过实验来发现味觉，但它确实存在。我们对于哪些鸟有这项能力依然所知有限，若能够展开一项真正全面的调查将会是件好事，或许大脑扫描技术能够成为快速检测大量种类的方法。我们关于什么鸟能够或不能够品尝味道的了解依然匮乏，我知道一些读者会对此感到沮丧，但作为一个研究人员，我看到的是机会。大门是敞开的，对于想在这宽广的领域有所发现的人来说是极佳的机会！

一只北岛褐几维鸟。小图（从左至右）：喙端的侧面图，可以看到很多包含感觉神经

末梢的小凹陷及鼻孔（大开口）；上喙的横截面，可以看到复杂的鼻区；几维鸟的大脑

（喙在左侧的方向），显示它们有一个巨大的嗅球（黑色部分）。

在鸟类学领域中确实有特定的话题经常被人忽视，而且是出于鸟类学家类似于直觉的判断，然而这些话题本是有关鸟类生活中可以被理解的部分。这些部分在当时都是相当复杂的，但其中最令人费解的就是嗅觉能力——一些人对此深信不疑，另一些人则不然。

——约翰·格尼，1922 年，"鸟类拥有的嗅觉"，

《鹮》第 2 期，225~253 页

15 世纪中期，一位在东非（现在属于莫桑比克的地方）的葡萄牙传教士若昂·多斯桑托斯在他的日记中抱怨，每一次他在小小的布道教堂中点燃蜂蜡蜡烛，一些小鸟就会进来吃温暖的蜡。当地人告诉多斯桑托斯这种小鸟是"sazu"——"吃蜡的鸟"（他可能早就猜到了），现在我们知道这种鸟是响蜜䴕。在 4 个世纪之后，赫伯特·弗里德曼带着疑问写道："这些鸟是怎么知道这些明显没有蜜蜂的地方有蜂蜡的呢？……对于这一点，目前还没有令人满意的答案。它们通过气味发现蜂蜡的可能性微乎其微，因为总体上鸟虽然拥有嗅觉但是很不敏锐。"[1]

因为某些令人费解的原因，鸟类学家很难接受鸟类拥有嗅觉这件事。几乎随便问一个鸟类学家，他们都会对此嗤之以鼻并且说，不，一只鸟的大脑中没有多少嗅觉的部分。他们错了。在这个问题上我们必须要感谢被列为最伟大的鸟类艺术家之一的约翰·詹姆斯·奥杜邦，他让

鸟的感官

我们走上了歧途。在 18 世纪晚期，奥杜邦小时候，别人告诉他红头美洲鹫通过"一项非凡的天赋"来觅食腐肉食物，这项天赋正是十分灵敏的嗅觉。但奥杜邦之后通过观察发现，"尽管自然如此慷慨，但并不会授予个体超出必要的能力，没有谁拥有两种非常接近完美的感官；如果它拥有很好的嗅觉，那么它就不需要太锐利的视觉"。换句话说，奥杜邦有一个奇怪的观点：一个物种不可能同时拥有两个高度发达的感觉功能。他发现当他躲在一棵树后面接近红头美洲鹫时，它们并没有闻到他，而一旦它们看到他，就"立刻非常惊恐地飞走了"，于是对于它们有敏锐的嗅觉的想法就此烟消云散。他还"努力地进行了一系列实验，来向自己证明，至少，在多远的距离上它们能有这种敏锐的嗅觉，或者是否真的拥有它"。[2]

奥杜邦是一位富有传奇色彩的人物，他的一生充满戏剧性，古怪而又令人着迷。奥杜邦是一个法国船长和女仆的私生子，1785 年出生在海地，在 6 岁的时候搬到法国跟随他的父亲及其无子的妻子安妮生活。奥杜邦 18 岁时，他父亲送他去宾夕法尼亚州照看一个种植园。但奥杜邦并没有从事农业的天赋，事实上，他当时没有什么谋生的能力。相反，他热衷于观察、收集标本和绘画鸟类。在这个过程中，他发现了一些新的物种，对一些鸟类行为进行了原创的观察并且磨炼了他的艺术天赋。他也花时间获得了露西·贝克韦尔的欢心。露西是一家英国人邻居的女儿，奥杜邦与她在 1808 年结婚。

在决定以鸟类绘画为生以后，奥杜邦前往美国东海岸。尽管在那里接触了很多有用的人，但是他并未使别人认识到他的艺术成就的价值。为了前往更遥远的地方寻找财富，奥杜邦于 1826 年离开露西和他们年幼的孩子前往英国。奥杜邦对于自己作为一名野外鸟类学家的能力信心满满——他在利物浦举办了自己的首次展览并获得成功。没有人像他这样画过鸟——以鸟类的真实尺寸和写实的姿势对每一个特征贴切地进行描绘。正是因为奥杜邦对鸟类如此了解，他才能够精确地抓住它们的特征。

早在奥杜邦动身前往英国之前很久，他就对红头美洲鹫拥有嗅觉这一想法进行了实验。他的实验内容是隐藏各种大型动物的尸体，等着看红头美洲鹫是否能发现它们。结果总是它们没法发现，奥杜邦由此得出结论，除非尸体是可见的，否则这些鸟无法找到它们。实验让他对这个结论信心十足。1826 年，奥杜邦决定在爱丁堡自然历史学会详细地宣布他关于红头美洲鹫的实验。随后发表的论文题目的长度正如其掀起的波澜——《关于火鸡兀鹰（*Vultur aura*）行为，尤其是对关于其非凡的嗅觉能力这一普遍观点的看法的报告》（"An account of the habits of the turkey buzzard [*Vultur aura*], particularly with the view of exploding the opinion generally entertained of its extraordinary power of smelling" [i]）。

奥杜邦论文的发表对于鸟类学界的影响显著。鸟类学界就此分为不均等的两派，因为其"无可辩驳"的实验令人信服，大部分人站在奥杜邦这边。[3] 这些人包括奥杜邦的朋友兼代笔撰稿人威廉·麦吉利夫雷[4]，以及其他几位当时有名的鸟类学家：亨利·德雷瑟、威廉·斯文森、艾贝尔·查普曼、埃利奥特·科兹和洛德·利尔福德。后面两位是"运动

---

i —— 译者注：这里 *Vultur aura* 为当时红头美洲鹫的学名，现在的学名为 *Cathartes aura*，buzzard 在英文中指贪食肉类的猛禽，现在一般特指鵟。而红头美洲鹫因外观类似火鸡而得名 Turkey vulture，在奥杜邦的时期，也被称为 Turkey buzzard。

鸟的感官

爱好者"，他们关于"没有嗅觉"的证据直接来自于他们作为猎人的经验。他们曾说，无论他们是否从上风处接近鸟类都无所谓，大多数情况下都没有区别。[5]

奥杜邦最热情的支持者之一是美国路德派牧师、博物学家约翰·巴赫曼，他在"一群博学的市民"面前重复了奥杜邦的实验；他们就此签署了一个公证文件，证明他们目睹了实验，并且完全信服红头美洲鹫缺乏嗅觉，"完全依靠视觉"找到猎物。这是经过审核过的科学结论！[6]

而对奥杜邦的观点批评最激烈的是约克郡沃尔顿别墅的查尔斯·沃特顿，一位精明但古怪的博物学家。沃特顿在南美进行自然研究多年，对红头美洲鹫很熟悉，他确信奥杜邦的实验是有问题的。沃特顿是正确的，但他提出的反对论据令人费解，而且态度很奇怪，使当时的鸟类学界忽视了他。[7]

奥杜邦的实验的确有缺陷。他的错误在于假设红头美洲鹫寻找的是腐败、散发臭味的尸体，所以他在实验中也使用了这样的尸体。我们现在知道，虽然红头美洲鹫食腐，但它们更偏好新鲜的尸体，并尽量避开那些腐烂的——这导致了奥杜邦错误的结论。另外一个问题则是他搞混了。奥杜邦声称他的实验对象是被他称为"火鸡兀鹰"的鸟类，也就是红头美洲鹫，但实际表明他研究的是黑头美洲鹫。黑头美洲鹫的外观和红头美洲鹫相似，但嗅觉灵敏度差多了。[8]

确认鸟类是否有嗅觉的进一步研究，巩固了像奥杜邦那样的鸟类没有嗅觉的观点，而这些实验的设计十分骇人听闻。其中一项，是由亚历山大·希尔在 1905 年所做的，研究内容如下：给一只圈养的火鸡两大份食物，其中一份下面加了一些有强烈气味的物质，包括薰衣草油、茴香香精和阿魏酸酊 i。9 如果火鸡有嗅觉，就只会去吃没有被气味污染的那份食物。相反的是，这只鸟吃了很多被污染的食物。希尔的最终实验是往这只可怜的鸟放了一碟加了一盎司氰化钾的热稀硫酸的食物。反应非常激烈，产生的大量氢氰酸杀死了那只火鸡。这些实验的结果竟然发表在《自然》杂志上，希尔总结道，火鸡——并以此推测其他所有的鸟——都没有嗅觉。

当这些"科学的"证据看起来是在排除鸟类有嗅觉的可能性时，很多逸事提供的证据表明恰恰相反。在 18 世纪晚期的诺福克，当地人把蓝山雀叫作"啄奶酪鸟"（pickcheese），因为它们会进入制酪场吃奶酪；可以推测，它们能够闻到奶酪的气味。这并非十分令人信服的证据：制酪场的位置是可预见的，这些鸟可以通过学习得知；要是这些山雀只在奶酪做好的时候到来会更能说明问题。但我们不知道。大约 300 年前在日本，与蓝山雀亲缘关系很近的杂色山雀被训练用于算命。算命师先大声朗读一首诗，随后（驯化的）山雀选择一张牌啄出来，面向上放在桌上，牌的内容和诗对应。训练这些鸟表演是一个特别困难的技巧，但算命师通过在**不希望**这些鸟去啄的卡牌上涂一些灼烧过的物质来做到这一点。这个技巧有用，说明这些鸟能够通过嗅觉来识别卡牌。另一件逸事涉及一些涉禽闻到泥土的嗅觉能力。诺福克的博物学家约翰·亨利·格尼就此叙述道：

---

i —— 译者注：一种伞形科植物的提取物，有奇臭。

鸟的感官

在诺福克，冲洗水道是非常常见的一件事，清理排水沟或牧场排水道，有时会非常臭。每次都能给我留下深刻印象的是那些泥巴或早或晚都一定会吸引来白腰草鹬，这种平常并不多见的鸟……要不是闻到，它们如何才能发现能够给它们提供美餐的新翻的泥淖呢？[10]

更有说服力的是关于渡鸦察觉到死亡的许多逸事。这听起来特别像是托马斯·哈代小说里的情节：[11]

1871年5月，威尔特郡默斯的E.贝克先生参加了两名死于白喉的孩子的葬礼。前方的道路沿着唐斯丘陵延伸了一英里多，灵车还没有走出多远，两只渡鸦出现了。这些黑色的大鸟……伴随了哀悼队伍大半路程，并在棺材上频频驻足而吸引了大家的注意，这让贝克先生坚信它们已经凭嗅觉侦测到棺材里有什么。[12]

一位评论者就此说道："读完这个故事，很难把长久以来关于渡鸦的信念当成无稽之谈；棺材毫无疑问是盖着的，视力在此无济于事，渡鸦只可能通过嗅觉来感知棺材里是什么。"[13]

大家广泛认为渡鸦能预言死亡，这甚至出现在莎士比亚的《奥赛罗》（第四幕，第一场）中："就像预兆不详的渡鸦在染疫人家的屋顶上盘旋一样。"

解剖学证据依旧强大。19世纪，我们对动物解剖的认知发生了巨大的进步。尤其是英国和德国的动物学家，对解剖充满热情。在英国最精通解剖的是达尔文日后的死敌理查德·欧文，他强烈地反对自然选择，坚持神以人们当前所见的生物形态创造了所有生命的特创论观点。一切都是关于形态，作为顶尖解剖学家的欧文毫无羞耻地设法挤入上流社会，钻营出一条路，成为维多利亚时代的上层人士。

维多利亚时期对解剖学的迷恋影响了接下来一个半世纪的大学动物学学位课程。作为一名 20 世纪 60 年代晚期的大学生，我解剖过动物界的大部分类群：蚯蚓、海星、蛙、蜥蜴、蛇、鸽子和老鼠。我也很热衷于此。角鲨是我们的模式解剖物种；一周又一周，我们从一个巨大的散发恶臭的福尔马林桶中找到标有个人标签的角鲨，这样可以继续未完的解剖。脑神经是重中之重，它们从大脑中发出，控制大部分的身体功能，不过当时我对其重要性还不太理解。尽管福尔马林的刺鼻令我们几乎昏厥，但解剖角鲨还是愉快的。它们的骨骼由软骨而非硬骨组成，因此我们切削掉颅骨——这好像是切豆子——就可以暴露出从大脑发出的绳状的神经。第五条神经——三叉神经（因为它有三个主要的分叉）——就像其在所有的脊椎动物中一样，从鼻腔中将信息传递给大脑。

为了检验奥杜邦关于红头美洲鹫不依赖嗅觉觅食的断言，理查德·欧文于 1937 年在一只红头美洲鹫中找出了这一神经。欧文比较了红头美洲鹫和一只火鸡，他觉得用这两种鸟做比较是合适的，因为两者体形相仿，而且"其嗅觉大概应该和红头美洲鹫的一样弱——基于这样一种假定，即这种鸟的嗅觉如奥杜邦的实验表现出来的那样，对于觅食来说没有什么帮助"。解剖结果显示红头美洲鹫的三叉神经特别粗大，欧文推断"红头美洲鹫拥有发达的嗅觉器官，但单靠嗅觉觅食或者嗅觉是否能够起到多大的作用，解剖还不能像实验那样很好地解释"。另一

鸟的感官

方面，有很多逸事佐证红头美洲鹫拥有发达的嗅觉；欧文提到一件来自牙买加医生 W. 塞尔斯先生的逸事：

在牙买加岛上有很多这种鸟，当地人管它们叫约翰乌鸦……一位老病人，也是我十分敬重的朋友在午夜去世了；家人必须派人去 30 英里外的西班牙人镇子上去准备葬礼的必需品，所以葬礼至少要在第二天的中午即死者去世 36 小时之后才能举行，之前这段时间，这是最痛苦的景象，在他的单层的大宅邸木瓦屋顶的房檐上，停着许多这种看起来就令人忧郁的死亡信使……这些鸟一定是单靠嗅觉侦测到的，因为靠视觉完全不可能。[14]

欧文关于红头美洲鹫的解剖学证据被忽视了。同时代的其他动物学家对暴风鹱、信天翁和几维鸟的解剖，都表明这些鸟有发达的嗅觉，但这些也被忽视了。[15]

1922 年，约翰·格尼就缺乏鸟类嗅觉的证据这一事态发表评论，认为在其他动物类群的嗅觉都高度完善的情况下，这是很奇怪的。他说道："毫无疑问哺乳动物存在高度发达的嗅觉。"对于鱼类，他写道，它们拥有嗅觉是"完全公认的"。更令人注意的是，甚至一些蝴蝶和蛾也"被相信能够享有嗅觉能力"。鸟类是一个谜，嗅觉的问题是它们的感官中最令人困扰的："很奇怪这么重要的问题还没有定论。"[16]

1947 年，时任利物浦动物学教授的杰里·庞弗雷在《鹮》[i] 上刊登了

---

i —— 译者注：*Ibis*，一本鸟类学学术刊物。

一篇鸟类感官的综述，在讨论了视觉和听觉之后，他说："对于其他感觉器官，没有多少值得说的了。较之于更有天赋的哺乳动物来说，嗅觉无疑是鸟类感觉系统中唯一发育程度一般的。"庞弗雷提到了一些关于鸟类嗅觉的传闻证据，但也指出有其他一些传闻是与之矛盾的。[17] 他无可奈何地总结道："实际上，在这个领域中开展决定性的实验是几乎不可能的，因为以当时的人们的能力，不知道从哪里入手。甚至当时的嗅觉理论在关于人类的嗅觉体验的问题上都无法达成一致……" [18]

更早一些年，加拿大国家博物馆的鸟类馆馆长珀西·塔弗纳写过一篇小文章——实际上是一篇笔记——观点与之非常相似，也在感叹我们对鸟类的嗅觉所知如此之少："这些课题也许困难，但是时候解决它们了。对于那些有天赋并且雄心勃勃的研究生来说，这是一个获得名声并征服新世界的机会！"塔弗纳根本没有想到，能够开启鸟类嗅觉的科学研究的并不是一名研究生，也不是一位男士。

登上历史舞台的是贝琪·班，20 世纪 50 年代后期美国约翰·霍普金斯大学的一位医学插画师。她一手扭转了对鸟类嗅觉的研究状况，将其拖出学术的阴影，使之成为人们关注的焦点。

贝琪为她的丈夫绘制关于鸟类呼吸道疾病的文章插图。这意味着要从她丈夫大量的解剖学收藏中选取各种鸟类的鼻腔进行解剖和绘制。贝琪只受过有限的生物学训练，但却是一名充满激情的业余鸟类学家，而且她很聪明。随着不断地解剖和绘图，她开始思考不同物种鼻腔构造差别如此之大的原因。

人类鼻腔内能够温暖并润湿吸入的空气，同时能够侦测气味的结构叫作鼻甲。[20] 这个词可能很陌生，它是极薄的骨质叶状结构，位于鼻腔较硬的上部里面。但打架时鼻甲很容易被打断，在鼻子整形手术中属于不容易被塑形的部分。对于鸟类，空气则通过两个外鼻孔进入，对于大多数种类而言，外鼻孔不过是喙上部的窄缝。大部分鸟的上喙中有三个腔。前两个腔温暖并润湿吸入的空气，有一部分空气会通过嘴进入肺；第三个腔在喙的基部，包含了形成一个卷轴状的软骨质或骨质的鼻甲。空气从骨叶中间穿过，骨叶上覆盖着一层组织，这层组织包含很多微小的细胞，能够侦测到气味，并将信息传递给大脑。鼻甲越复杂，即骨叶卷得越多，表面积越大，也就有越多的气味侦测细胞。大脑中负责解码气味的部分位于靠近喙基部的位置，并且因为其形状而被称为嗅球。[21]

从手头的解剖看，贝琪无法说服自己接受这些拥有庞大而复杂鼻腔的鸟没有嗅觉——正如所有教科书宣称的那样。她"深深地忧心于鸟类嗅觉能力的错误信息的存在，并希望能够纠正这种误解"。[22] 她猜测，误解的原因在于解剖学家和那些进行行为研究的学者缺乏沟通。当时已经有少数在鸽子身上做的实验用于检验鸟类是否能够侦测化学信号，然而鸽子虽然便于研究，但是生物学上并不适合，贝琪将鸽子的嗅觉部分描述为"无效的装置"。另外一个问题是行为实验本身通常设计不佳。

调查的初期，贝琪把注意力放在三个不相关的物种上，每一种都有很大的鼻甲，然而它们的生活方式迥异。它们是：（1）红头美洲鹫，奥杜邦认为他已经研究过的物种，一种日行性的食腐鸟类；（2）黑脚信天翁，一种远洋海鸟，以鱿鱼和鲸鱼尸体（海洋中的腐肉）为食；（3）油鸱，一种夜行性的热带食果鸟，并且正如我们上文提过的，在完全黑暗的洞穴中筑巢。解剖学证据似乎势不可挡——这些精致的鼻组织如果不是为了侦测气味还会有其他什么存在的目的吗? 贝琪的结论汇成论文——人生第一篇——题目为《一些鸟类嗅觉功能的解剖学证据》,并且附上了每一种鸟类头部略显残忍但揭露真相的解剖图。这一结果发表在 1960 年的《自然》杂志上,贝琪的一位同事后来说:"贝琪的论文使人们无法否认鸟类嗅觉的存在。"贝琪在"一个包容的时代做了一项重要的贡献"。[23]

整个 20 世纪 60 年代,贝琪都在持续观察不同鸟类的解剖结构,不过直至 60 年代末她与斯坦利·科布的一次会面才使她向前迈进了一大步。贝琪和她的丈夫在伍兹霍尔有了第二个家,位于马萨诸塞州科德角的南端,他们每年夏天来此处避暑。在一天晚宴上,她发现自己旁边坐的是退休的神经精神病学家科布,他对鸟类和大脑都非常感兴趣。几年前科布已经发表过一篇关于鸟类嗅球的短文。他和贝琪一拍即合,立刻联手对 107 种鸟类的嗅球尺寸进行大量的比较研究。[24]

他们用刻度尺测量了嗅球的长度,以其相对于大脑最大长度的百分比作为指标。[25] 他们知道这是一个粗略的衡量嗅觉潜力的标准,但如果要做得更好,他们就只有将嗅球解剖出来,称重,然后重新计算嗅球占剩下的脑的部分的比例;但这将是极端费时的(很难解剖),并且意味着将破坏博物馆的标本。至少眼下,他们简单的数据也有作用。

这里有几个按顺序排列的例子,数值越高,嗅球的相对尺寸越大:

鸟的感官

雪鹱		37
几维鸟		34
鹱	平均	29（依种类不同，18~33）
红头美洲鹫		29
夜鹰	平均	25（依种类不同，22~25）
麝雉		24
秧鸡	平均	22（依种类不同，12.5~26）
原鸽		20
鸻鹬类	平均	16（依种类不同，12.5~26）
家鸡		15
鸣禽	平均	10（依种类不同，3~18）

此外，贝琪和科布的比较研究显示出不同鸟类的嗅球相对尺寸之间存在差异，从黑顶山雀的微小嗅球到雪鹱的巨大嗅球之间差异足有 12 倍。[26] 他们还认为嗅球的相对尺寸反映了嗅觉能力，但直到 20 世纪 90 年代，研究者通过展示嗅球尺寸和气味侦测的阈值的相关性才正式地证实了这种联系。[27] 总而言之，贝琪和科布可以这样总结："我们的研究表明，对于几维鸟、管鼻类海鸟[i]以及至少一种美洲鹫来说，嗅觉是首要的，而大部分的水鸟、沼泽鸟类，可能还包括一些有回声定位的种类，也拥有有功能的嗅觉。而其他种类的嗅觉或许相对不那么重要。"[28]

受到贝琪最初论文的鼓励，另外一位美国研究者肯尼斯·施塔格

---

i —— 译者注：管鼻类即鹱和信天翁这一类鼻孔为管状的鹱形目海鸟。

决定重做奥杜邦的行为实验。红头美洲鹫拥有发达嗅觉的解剖学证据是令人信服的，但行为实验仍然必要。施塔格满腔热情地直面问题，雄心勃勃地设计了一系列野外实验，包括对着隐藏的动物尸体扇风（把不扇风作为对照组）来看其对红头美洲鹫的影响。结果是戏剧性的。即使在看不见的情况下，那些鸟依然能够清楚地嗅到尸体。施塔格和加利福尼亚州联合石油公司某人的一次偶然聊天促成了一个重大突破，使他能够确定红头美洲鹫追逐的正是动物尸体的气味。那个人告诉施塔格，在20世纪30年代，公司注意到天然气管道的裂缝会吸引红头美洲鹫。天然气中包含乙硫醇，一种闻起来像腐烂的白菜的物质（也是导致口臭和屁的臭味的物质）；腐烂的有机物也会产生这种物质，包括动物尸体。联合石油公司因此将更高浓度的乙硫醇添加到天然气中，以帮助他们找到泄漏位置。早在30年代，联合石油公司就已经知道红头美洲鹫拥有良好的嗅觉，而且不出所料，当施塔格将含有乙硫醇的空气扇过加利福尼亚的丘陵时，吸引了红头美洲鹫成群飞来。[29]施塔格不仅提供了令人信服的行为证据证明红头美洲鹫通过嗅觉觅食，还确定了是什么物质的气味吸引了它们。

贝琪先驱性的解剖研究，以及她和斯坦利·科布进行的嗅球比较研究是开拓性的。但科学的本质是"当前的真理"，不久，其他科学家就开始用新的眼光来看待这些结果。科学永远在前进，或许是不可避免的，新的理解和新的技术将最终暴露贝琪和科布的研究的局限性。事实上，贝琪和科布的研究也同样是建立在对19世纪所做研究进行改进的基础上的。[30]贝琪和科布的研究就很多方面而言是科学的典范。他们不仅尽可能细致地测量了他们的标本，清晰地发表了他们的结果，也认识到他们对嗅球大小的估计只是一个简单的指标，谨慎地希望"这些粗糙的嗅觉器官比例也许能够作为其（嗅觉）相对重要性的一个参考"。正如我们之前讲到的，他们主要的结论是除了几维鸟、管鼻类海鸟（信天翁和鹱）以及红头美洲鹫之外，只有"大部分的水鸟、沼泽鸟类和涉禽……拥有有功能的嗅觉"。

在 20 世纪 80 年代，比较研究的操作方式有了巨大的改进。使用新的方法，两位牛津的科学家苏·希利和蒂姆·吉尔福德决定检测贝琪和科布的结果。当我问希利为什么她认为这件事情值得做时，她说，一方面出于对新技术的兴趣，另一方面也是她发现贝琪和科布对嗅球尺寸变化的解释相当模糊："我猜测，当年在比较分析中能够确定一个变量要困难得多。并且，我是几维鸟的老乡，几维鸟的大脑中很大的一部分是用于嗅觉的（并且是夜行性的），所以看起来值得去考察是否行为也在其他变化中扮演了某种角色。"值得注意的是，她补充道："我一直很惊讶人们对于嗅觉在鸟类行为中起的作用多么缺乏关注，不是说人们应当注意我们的论文，而是因为一旦注意到这点，就可以看出嗅觉和鸟类的很多行为好像都有相当密切的关系。"[31]

对上述结论的复查主要基于两个原因。第一，贝琪和科布没有考虑到**异速生长**的现象——这是器官相对于身体尺寸的模式。贝琪和科布毫不怀疑地假设大脑尺寸直接与身体尺寸成比例。并非如此。更大的鸟拥有相对小的大脑，就像成人的大脑相对于婴儿的要小。当器官的相对尺寸随着身体尺寸（增长）而减小时，这被称为负异速生长。希利和吉尔福德注意到了这一点，如果忽略了大脑的相对尺寸随着身体尺寸减小这一点，贝琪和科布的结果也许是错误的。[32]

贝琪和科布没有意识到的另外一件事是，因为他们比较的很多种类亲缘关系很近，由它们得出的结论也许有偏差。今天，这种类型的偏差被称为系统发生效应（系统发生是指物种间的演化关系），系统发生有可能扭曲比较研究的结果，就像贝琪和科布的研究。我们来看另外一个例子。在20世纪60年代，两位北美鸟类学家杰瑞德·弗纳和玛丽·威尔逊寻找一些鸟拥有多配制（比如一只雄鸟和数只雌鸟结成配偶，或者一只雌鸟和数只雄鸟结成配偶）的原因。研究文献之后，他们得出结论，多配制和在湿地筑巢有联系，并指出：因为湿地环境生产力高，拥有丰富的昆虫，雌鸟能够在没有雄鸟帮助的情况下哺育后代，因此允许了多配制的演化。因为在14种多配制的北美鸟类中，有13种是在湿地筑巢的，栖地的影响似乎是明显的。[33] 但是这里有一个问题，随后便显现出来。这些种类中的9种属于同一个科——拟鹂科，北美的数种黑鹂的共同祖先或许就是既在沼泽筑巢，又是多配制的。换句话说，他们样本中的14个种不是"独立的"；其中9种拥有同样的演化史，所以他们的结论所基于的比较数量中，真正由于生态原因（即由湿地环境）导致的远不到14种，而基于这样统计的结果就不那么可靠了。直到20世纪90年代早期，才出现在这样的比较研究中将系统发生效应纳入考量因素的统计方法。[34]

　　希利和吉尔福德的分析表明，在考虑了异速生长和系统发生因素之后，贝琪和科布所发现的鸟类的栖息地类型（比如生活在水上或靠近水边生活）和嗅球尺寸的关系是不存在的。栖息地类型（对嗅球尺寸）的效应是人造出来的，因为大部分的水鸟来自于少数几个系统发生类群。与之相对，希利和吉尔福德发现偏夜行性和晨昏活动的鸟拥有相对大

　　　　　　　　　　　　　　　　　　　　　　　　　　鸟的感官

的嗅球，这意味着嗅觉能力的发展是为了补偿视觉能力的削弱。你也许会想这一点也不奇怪，但这种事后聪明是很容易的。[35]

在 1990 年这项结果发表的时候，希利和吉尔福德的研究标志着我们对于生态因素导致的鸟类良好嗅觉的认识的重要进步。但今天，20 年过去了，也许这项结果又将被颠覆或者至少有所改进，因为"当前的真理"的过程依然在继续。希利和吉尔福德并不试图对贝琪和科布关于嗅球相对尺寸的简单的线性指数做改进——他们仅仅使用了原始的数据，因为，如果不是回到原来的实验标本，做大量的解剖，很难得出不同的结果。[36] 然而，到了大约 2005 年，高分辨率扫描和断层成像（三维影像重建）开始在医学和生物学中变得常见，这使得精确测量鸟类大脑不同部分，包括嗅球的体积，变得相对容易（尽管昂贵）。

新西兰奥克兰大学的杰里米·科菲尔德和同事们开创性地使用三维造影技术来研究鸟类大脑的结构，并指出贝琪和科布的指数有时候是很不准确的。公平地说，贝琪和科布知道存在这个可能性，但出于务实的原因，他们假定不管是什么种类的鸟，大脑的基本结构都是相似的。而三维扫描显示并非如此。就科菲尔德最初关注的几维鸟来说，其大脑的结构很不寻常：它们的嗅叶并非像其他鸟那样真的是"球"状，而实际上是一个扁平的叶状组织覆盖着大脑前部，而其前脑本身也是不寻常地长。因此，贝琪和科布为几维鸟提供了一个大的指数，所以虽然他们得到（大概）正确的答案（几维鸟拥有一个大的嗅觉区），但是那是基于错误的原因。[37]

三维研究同样显示出其他一些鸟类中的异常现象，包括鸽子的嗅球原来比人们想象的要大得多，[38] 这也很好地符合它们用嗅觉定位的能力，我们在下一章会讲到。

很明显，贝琪和科布关于嗅球尺寸的指数并不可靠，现在需要的是对他们研究过的鸟精确地测量大脑嗅觉区的体积。考虑到所需的工作量，给出这些数据尚需时日。与此同时，研究者们别无选择，只能继续使用贝琪和科布的原始数值。

最近的一项涉及鸟类嗅觉的基因研究——即嗅觉感受器基因，针对 9 种横跨贝琪和科布的嗅球尺寸指数的物种——显示出总体而言，嗅觉基因的总数和嗅球尺寸呈正相关。换句话说，嗅球越大，嗅觉可能越重要。两种夜行性鸟类几维鸟和鸮鹦鹉拥有最大数量的嗅觉基因，分别是 600 和 667 个，而金丝雀和蓝山雀，考虑到它们相对小的嗅球尺寸，不出意料地拥有少得多的嗅觉基因（分别是 166 和 218 个）。这里有一个例外，尽管雪鹱拥有最大的嗅球，但嗅觉基因只有 212 个。有可能三维扫描或许会显示这种鸟的嗅球不像贝琪和科布所说的那么大，或者可能由于雪鹱是日行性的，也只对有限范围的气味敏感，因此不需要那么多基因。[39]

除了简·奥斯汀出版《傲慢与偏见》和正在进行的拿破仑战争，1813 年最重要的事件就是欧洲人发现了几维鸟。大英博物馆动物学部管理员乔治·肖从一位流放船船长巴克利那里得到了一张不完整的皮——现在我们知道那是一只褐几维。由于巴克利船长从来没有去过新西兰，所以他一定是从其他人手里得到那件标本。1813 年，肖描述并绘制了这种令人难忘的鸟，将其命名为 *Aptery australis*（南方的无翼鸟）。不久肖去世了，标本被转手给第十三代德比伯爵斯坦利，他在诺斯利公园中收藏了大量标本，并最终转移到附近的利物浦博物馆，并一直留在那里。[40]

　　尽管它外观奇特，看起来毫不自然，但肖已经预见性地认识到几维鸟也许是鸵鸟和鹬鸵（平胸鸟）的远亲。其他人错误地猜测它可能属于某种企鹅或某种渡渡鸟。[41]

　　过了10年，肖的几维鸟标本依然是这种鸟唯一的标本，一些人开始怀疑它是否真实存在。1825年，儒勒·迪蒙·迪维尔带来了一些诱人的新消息。他最近刚从新西兰返回，描述了他邂逅一位穿着几维鸟羽毛斗篷的毛利人酋长的经历。随着有更多信息的征集消息发出，一些新西兰移民开始动笔写下最早关于几维鸟行为的描述，其他一些人则送来了实实在在的标本。再一次，洛德·斯坦利扮演了重要角色，他将标本转交大英博物馆的理查德·欧文。欧文以非常细致的方式，着手对其做精细的解剖。欧文注意到它鼻孔的位置非常特别，位于喙端上，且发自于颅内结构，他意识到其嗅觉也许是重要的："在颅内，可以看到嗅觉凹陷比其他鸟类的都大，而且那些在其他鸟那里作为眼窝的孔，在这里几乎被鼻占据了。"最后，欧文预见性地总结道："几维属鸟类的生活史中，嗅觉一定相当的敏锐和重要。"[42]

　　对新西兰野外栖息的和带到英国圈养起来的几维鸟的观察显示，这种鸟通过到处嗅闻来觅食，而且通常是在地下。它们将喙探入地下来寻找它们的无脊椎猎物——主要是蚯蚓。在19世纪60年代，牧师理查德·莱什利精确地绘制了一系列关于几维鸟觅食方式的精美水彩插图。[43]

　　几维鸟逃离观察者时经常会撞到东西，这证明了它们的视力很弱，而在它们觅食时发出听得到的嗅闻声则有力地说明了它们依靠嗅觉发现猎物。于是，在20世纪初，但尼丁的奥塔戈大学博物馆的W. B. 本瑟姆从欧文的论文中了解到了几维鸟拥有巨大的嗅叶，便决定要看看几维鸟的嗅觉到底有多好。就此，他询问了位于新西兰南岛西南部的雷索卢申岛鸟类保护区的管理人理查德·亨利先生，希望能够借那只毛利语名字叫"roa-roa"的几维鸟做一些简单的实验。这是一只驯熟的几维鸟，名字的意思是"长"，大概是指它的喙。

按照本瑟姆的要求，亨利每次给这只几维鸟一个装着土的桶，有的桶在土下埋了蚯蚓，有的没有埋蚯蚓。它毫不费力就知道桶里有没有食物："当我放下一桶没有蚯蚓的土时，那鸟甚至看都不看，但一旦放下有蚯蚓的桶，roa-roa立刻兴致勃勃地开始用长喙探寻食物。"本瑟姆替自己没能亲自进行这些实验找借口说"雷索卢申岛很难抵达，并且从那里返回大陆（新西兰南岛）的时间不确定性很大，所以我不得不放弃"。虽然他承认仍需进一步实验，但他认为自己的实验依然为"几维鸟属敏锐嗅觉的存在提供了一定的证据"。[44]

1950年，柏妮丝·温泽尔成为加州大学洛杉矶分校医学院的讲师。她之前在哥伦比亚大学研究人类嗅觉的敏感性而获得理学博士学位，但到了加利福尼亚之后她转而研究大脑和行为。尽管转变了研究方向，但在1962年一位同事邀请她去日本在一个嗅觉方面的会议上做演讲。柏妮丝以她不再研究嗅觉为由谢绝了。她的同事拒绝接受她对此说"不"，让她"想点儿什么"并把她加到了发言者名单中。柏妮丝开始思索她可以做什么，随后决定看一看她实验室中的鸽子对气味的反应。

她使用生理学家常用的方法，测试鸽子的心跳速率对不同的刺激物的反应。她将鸽子暴露在一股纯空气气流中，并在这个过程的一些小段时间中加入一种气味，同时测量这些鸟的心跳和呼吸速率。在她的初步实验中，柏妮丝惊讶地看到当加入气味后这些鸟的心跳速率快速上升。这个明显的证据证明鸽子侦测到了气味。她很快做了更多的后续研究，并在日本的会议上发表了她第一篇关于鸟类嗅觉的论文。[45]

作为 20 世纪 60 年代美国屈指可数的女性生理学教授，柏妮丝·温泽尔的成就在于将解剖学、生理学、行为学的思想和工具结合，使我们对嗅觉有了更好的认知。她对包括金丝雀、鹌鹑和企鹅等在内的多种差异巨大的鸟做了实验，发现每种鸟，包括那些嗅球最小的种类，都能够侦测到气味。尽管所有种类都会有反应，但是嗅球越大的种类心跳速率上升幅度越大。虽然这些实验结果很显著，但是我们尚不知道（除几维鸟外的）其他种类的鸟日常生活中是否会用到嗅觉信息。

心跳速率实验很成功，于是柏妮丝决定用同样的方式去测试几维鸟。之前的实验中，只要她将鸟的翅膀绑住，它们就能在实验过程中安静地待着。但几维鸟不会。它们力气很大，几乎没有翅膀可以绑，而且腿非常有力。她很快发现成年几维鸟"几乎可以从任何束缚系统中挣脱出来"。柏妮丝只得从一只习惯被抓着的几维鸟幼鸟身上获取数据。为了验证结果，她也从一只凶得多的成鸟那里获得了少量数据。[46]

奇怪的是，与柏妮丝测试过的其他所有鸟类相反，气味并没有改变几维鸟幼鸟的心跳速率，哪怕是它最爱的蚯蚓的气味。取而代之的是呼吸速率和警觉性的改变，这些变化非常明显地显示这只鸟有侦测到气味的能力。随后，柏妮丝又开展了一些行为实验，测试几维鸟（5 个不同的个体）是否能够仅凭气味侦测到食物。

柏妮丝的实验设计与本瑟姆和亨利在 50 年前所做的实验十分相似，她给这些鸟一些插进地里的金属管子。管中装了潮湿的泥土，其中有些下面藏了它们已经吃习惯的肉条。所有的管子上都盖着一层薄的尼龙布，几维鸟必须用喙刺穿尼龙布才能碰到土壤。这是非常重要的，因为几维鸟只在晚上觅食，想要观察到它们探的是哪些管子相当困难。金属管子不会提示是否有食物，因为在里面的肉条不会发出声音；也不会有视觉提示，因为所有被布盖着的管子都是完全一样的。用布覆盖也能够排除味觉线索，而且如果这些鸟的喙穿过它就会留下明显的痕迹。

与之前的实验结果毫无二致，这些鸟只对包含食物的管子感兴趣。不仅如此，它们直接就探测到了食物，表明它们能够侦测极其微小的气味梯度差异。

柏妮丝发现她养的几维鸟的其他行为也表现出它们对气味的强烈依赖。有一天晚上她在鸟舍中，一只几维鸟早早醒来，然后向她走来。用她自己的话说："当时很黑，那只鸟在离我非常近的距离停下来，然后有条不紊地对着我的双腿上上下下地移动它的喙端，但没有触碰到，好像在描绘我的轮廓……这个行为更能够说明它们比起视觉来更依赖嗅觉。"[47]

几乎所有见到过自由活动的几维鸟的人都会听到它们的吸鼻声，这不仅仅是嗅闻动作，也是清理鼻子。当几维鸟（因为食物）兴奋时，它们的鼻腺会分泌黏液，加之它们的外鼻孔是非常狭窄的裂缝，在探寻食物时会非常容易被土塞住。

在柏妮丝的研究过程中，她还注意到，轻轻碰一只饲养的几维鸟的喙端会引发那只鸟积极的搜寻行为，这说明触觉也是自然觅食行为中重要的组成部分。在总结中她说道："可能存在一种触觉和嗅觉模式紧密联系并相互作用，几乎或者根本没有视觉的参与。"[48]

在北半球与几维鸟相似的鸟是丘鹬。除了它有一双大眼睛——这对它在黄昏的行动和飞行，包括在夜间迁徙很重要——丘鹬和几维鸟的生活习性非常相似，也会在泥土下面探寻蠕虫。早在 1600 年，乌利塞·阿尔德罗万迪就在他的鸟类百科中告诉我们丘鹬依靠嗅觉来找到食物。他对此也许已经有了确定的认识，从他引述的一篇于公元 280 年由马库斯·奥里利乌斯·内米阿努斯所写的关于捕鸟的诗就可看出，诗中提到这种鸟巨大的鼻孔和它嗅闻蠕虫的能力。之后的一些作者也提到丘鹬的嗅觉，但很奇怪的是，和鸟类学中许多其他情况不同，提及丘鹬嗅觉好像没有引用或抄袭更早的著作，显示这一成果来自几次独立的发现。比如，布丰引用了威廉·鲍威斯 1775 年出版的《西班牙自然史和自然地理介绍》(*An Introduction to the Natural History and Physical Geography of Spain*) 中描述在皇家鸟舍看到的丘鹬在潮湿的土中探寻蠕虫的场景："我没有一次看到它失手：因为这个原因，并且因为它从来没有将喙插到鼻孔的深度[i]，我的结论是嗅觉在指挥它寻找食物。"接着，在引述了他的同事、猎人兼博物学家勒内 – 约瑟夫·埃贝尔的文字后，布丰补充道："但是大自然在它的喙端赋予了一个额外的器官来适应它的生活方式；尖端是那种肉质而非角质的，并且对某种触觉敏感，适合于在泥淖中探寻猎物。"[49]

英国鸟类学家乔治·蒙塔古在 18 世纪末解剖过很多丘鹬并且对鸟

---

i —— 译者注：丘鹬的鼻孔位于喙的基部，没有像几维鸟那样延伸到喙的尖端。

舍中一只活的丘鹬进行过观察，他写道：

> 当大部分其他陆生鸟类在通过睡眠补充它们耗尽的精力时，这些鸟（丘鹬）则会在黑暗中漫步，以精巧的嗅觉探寻那些最有可能产生它们的自然给养的地方；并且依靠长喙更加精细的触觉，搜寻它的食物……喙中神经丰富，而且触觉分辨能力非常强。[50]

一个世纪之后，约翰·格尼就鸟类的感官说道：

> 研究者必须非常小心，不要混淆嗅觉和触觉器官，这是一些鸟——比如丘鹬——的觅食手段。由此可见，对于实验者来说，制定任何关于鸟类嗅觉的实验的同时，要排除视觉、听觉和触觉的干扰。[51]

当我查看贝琪和科布列出的嗅球指数[52]时，我很惊讶丘鹬的数值只有15，并没有接近最高值，只是中等水平。我怀疑这是否说明丘鹬的嗅球形状古怪，就好像对几维鸟嗅球的三维扫描显示的那样，那个数值是错的：鉴于丘鹬的头骨形状特别，这是有可能的。当然，另外要做的就是进行一些行为实验，测试丘鹬的嗅觉能力，看它的嗅觉和几维鸟的比起来如何。

柏妮丝·温泽尔和贝琪·班将鸟类的嗅觉纳入学术的版图之中，部分是通过她们各自独立的研究，更是通过20世纪70年代一本书中她们共同撰写的一个章节，而这一章成为了鸟类嗅觉研究历史上决定性的一笔。[53]2003年，贝琪·班以91岁高龄在伍兹霍尔去世，而柏妮丝也已经

80 多岁，现在是加州大学洛杉矶分校的名誉教授。在 2009 年，另外两位鸟类嗅觉研究的女性先驱加比·内维特和朱莉·哈格林举办了一场研讨会献给她们的两位前辈。柏妮丝告诉我，她对此受宠若惊，并且注意到现在对她研究的评论与之前有多么不同，早先一些对她的质疑甚至让她对研究鸟类的嗅觉感到厌烦。[54]

是什么使得在鸟类嗅觉的研究领域中女性占主要地位呢？除了灵长类的行为，几乎没有什么研究领域中女性研究者有如此的优势。和我交谈的同事告诉我，作为导师，贝琪和柏妮丝非常能够鼓舞人心，并且比起大多数男性研究者来说，她们更乐于给予建议，这些特质可能特别吸引年轻的女性动物学者。

在 1980 年，我与两位同事理查德·埃利奥特和里米·奥登斯造访了遥远且鲜为人知的甘尼特群岛（Gannet Clusters，即鲣鸟群岛），距离加拿大拉布拉多海岸大约 20 英里。我们的工作是对那里的海鸟计数。这不是一个轻松的任务，因为那里有数万只海鹦和海鸦，以及略少一些的刀嘴海雀加上少量的暴雪鹱和三趾鸥（但没有鲣鸟，这个群岛的名字具有误导性，而且来源是个谜）。第一个晚上，在我们扎好营进入帐篷躺下不久，理查德直直地坐起来大叫道："白腰叉尾海燕！"

我醒来倾听，果然，在外面的夜色中，我能够听到附近一只白腰叉尾海燕那特征性的轻柔的咕噜声。理查德如此激动是因为这是这个群岛上关于这种小型夜行性海鸟的第一笔记录，也是在北美的最北的记录。第二天早上，我们在帐篷外面寻找更多的痕迹，在泥炭土上发现一个穴巢洞口，直径只有 5 厘米。理查德的第一反应是立刻跪下来，把鼻子凑到洞口，使劲嗅闻。"没错！"他说，"这就是白腰叉尾海燕的洞。"就像鹱家族的其他成员（包括信天翁和鹱）一样，白腰叉尾海燕有一种独特的麝香气味。

继续寻找，我们发现另外几个洞巢，而且很幸运地在其中一个洞穴中发现一具干枯的白腰叉尾海燕尸体，这是它们在这里存在的确凿证据。虽然有点可怕，但是完全出于科学的做法，我保留了那只死鸟：它完全干枯了，一点都不会令人不愉快。几年之后，回到谢菲尔德的办公室中，我只能嗅闻那只鸟来回想神奇的甘尼特群岛，那只鸟的香味能够如此强烈地唤起我的回忆。

贝琪和科布没有将白腰叉尾海燕纳入他们的比较研究，但他们测试了其他 10 种鹱，其中 9 种都拥有巨大的嗅球。确实，早在商业捕鲸活动伊始，水手们就已经注意到信天翁和鹱对鲸的内脏气味非常地敏感。在 20 世纪 40 年代，加州大学洛杉矶分校的生物学教授洛耶·米勒进行了一些简单但非常有效的实验，他给北美西海岸近岸的黑脚信天翁做了个体标记。[55] 在将培根油倾倒在海面后的一个小时之内，鸟都被吸引来了——米勒估计它们是从 32 公里之外赶来的。与此相对，没有鸟被作为对照组的油漆渣吸引，而这是一种气味同样强烈的物质。时至今日，"撒饵"已经是狂热的海上观鸟者常用的吸引海鸟的手段，这种用气味来吸引海鸟的方式就好比用播放鸟的鸣叫声来吸引陆地上的鸟一样。我在新西兰南岛东海岸附近的凯库拉岛上看过这种方法，效果

鸟的感官

非常明显：15 种不同种类的鹱和信天翁就在距离我几米的地方，这是我最好的观鸟体验之一。[56]

科学家把信天翁、海燕和鹱统称管鼻类鸟。尽管很明显与气味侦测有关，但它们管状的鼻孔的作用依然是个谜。从小到 50 克的海燕到大至 8 千克的漂泊信天翁，管鼻类鸟以磷虾和鱿鱼为食，有时候也吃鲸的内脏。通过气味发现一具腐烂的鲸尸可能没有多困难——腐烂鲸脂的气味能够在人鼻子里留存数小时乃至数天，这一点我自己可以证明；我们甚至发现即使处在上风处，也不难闻到这种气味。但是磷虾和鱿鱼有那么强烈的气味能够被管鼻类鸟在广阔无边没有特征的大洋中发现吗？这是另外的问题。

前文提到过的加比·内维特是加州大学戴维斯分校的生物学家，起初她研究的是鲑鱼如何在几年后从海里找回它孵化的那条河流。鲑鱼用嗅觉来导航的想法乍听起来好像很荒谬，但 20 世纪 50 年代的研究显示这确实是真的。[57] 更令人难以置信的是信天翁能够飞越广阔的海洋，定位它们的繁殖地——在没有特征的海面上的一小块岩石岛。它们能做到这一点是毋庸置疑的，但是直到 20 世纪 90 年代，人们才知道它们在繁殖季节为了觅食要从繁殖地飞出多远。法国的研究者皮埃尔·茹旺坦和亨利·魏默斯克奇依靠新兴的卫星追踪技术做了一些了不起的先驱工作，显示了漂泊信天翁是如何跨越数千公里去觅食并仍然能够准确地找回它们繁殖所在的岛屿。[58] 加比开始对信天翁**如何**能够如此高效找到食物并定位它们的繁殖地感兴趣。

嗅觉似乎是一个可能的原因，有大量来自捕鲸者、渔民和观鸟者的故事佐证。此外，20 世纪 70 年代威斯康星大学博士生汤姆·格拉布（他之后去了俄亥俄州立大学）所做的研究显示，白腰叉尾海燕——就是我们在拉布拉多岛上发现的那种鸟——总是能够**逆风**回到它们在芬迪湾[i]的繁殖岛屿。更明显的是，汤姆和贝琪·班的合作研究显示嗅神经被切断（通过手术使鸟的嗅觉缺失）的海燕无法定位它们的繁殖地，反之，没有做过手术的鸟能够找到，即便是从遥远的欧洲出发。[59]

很明显，嗅觉对于白腰叉尾海燕找到它们的繁殖地非常重要。加比·内维特好奇是否嗅觉对于它们的觅食也发挥作用。她从重复洛耶·米勒和其他人所做过的那类实验开始，在海面上倾倒一些有味道的浮油然后看鸟多久之后能被吸引来，比较这些油和其他一些没有味道的物质对鸟的吸引力的差别。在 1980 年，柏妮丝·温泽尔的研究生拉里·哈钦森就已经发现，将碾碎的磷虾倒在海面上会吸引灰鹱，这表明磷虾中的某些物质能够引来这些鸟。在常有 12 米大浪的海上做实验很不容易。内维特使用加了生磷虾提取物的植物油，并使用纯植物油作为对照组。研究证实了气味可以非常有效地吸引像鹱和信天翁这样的鸟，但这并没有真正回答那些鸟是否是依靠磷虾散发的一种特殊的气味来定位到它们。[60]

然后，在 1992 年一个很不平常的情况下，加比遇到了大气科学家蒂姆·贝茨。她自己说：

> 我当时正在（南极半岛附近的）象岛附近航行，遇到了非常坏的

---

i —— 译者注：位于加拿大东南海岸的大西洋海湾。

鸟的感官

天气……在暴风雨中我撞到了一个工具箱，伤到了我的左肾。当然那个时候我还不知道有这么严重，但是非常痛，我只能在船舱里铺位上待着。我们还有一个星期才能抵达彭塔阿雷纳斯，我发誓那是我一生中最长的一个星期。不管怎样，当我们到那里时，我都动不了了。新航程的首席科学家是蒂姆·贝茨，他非常好，让我待在船上等待将我运回家。在这段时间内，他的团队都在配置有关二甲基硫醚的大气研究的相关物资。[61]

二甲基硫醚是一种生物源物质，当浮游动物（例如磷虾）进食浮游植物时，浮游植物中的这种物质就被释放出来。二甲基硫醚先溶解到海水中，然后再释放到大气中，持续存在数小时或者数天。

加比继续道：

但当我看到他们获得的一些剖面数据，闻到二甲基硫醚并吃了一些止痛药后，世界变得美好了。他给我看的文件就好像是山脉或者地形的全貌。二甲基硫醚只是一种容易分析的化合物，但它让我恍然大悟，对于大尺度问题"通过只鳞片羽来追踪猎物"的模型是错误的。相反，海洋上存在一层与水深特征、陆架坡折、海底山脉等相关的气味地图，而这完全改变了我的想法。当我回想起来，要不是遇到这样一次严重的事故，没有遇到蒂姆，我可能还在撒鱼的内脏，而不是看到更大的框架。[62]

接下来她开展了一系列实验，其中一项实验显示甚至在繁殖地（而

不是在海上），白腰叉尾海燕也是被二甲基硫醚吸引的。一项针对鸽锯
鹱的研究显示，它们会被海上人工添加了二甲基硫醚的浮油吸引。特别
能说明问题的是对柏妮丝早期实验的重复：心跳速率对气味的反应。
在南印度洋凯尔盖朗群岛中的韦尔特岛上，鸽锯鹱被温柔地从繁殖洞
巢中取出，带到附近的一个临时实验室。将电极小心翼翼地（暂时）贴
在鸟的皮肤上，内维特和她的同事弗朗西斯科·邦多纳能够在心电图仪
上看到这些鸟的心跳速率，然后，她们会让含有或不含二甲基硫醚的空
气吹过鸟的鼻孔。这项研究的关键是实验中让鸟闻到的空气中二甲基硫
醚的浓度与它们在海上闻到的相近。对于纯的空气，鸟的心率没有出现
变化，但对二甲基硫醚，所有 10 只鸟都表现出明显的心率加快。这为自
然产生的气味能够帮助像鸽锯鹱这样的鸟在海面上导航提供了迄今为止
最好的证据。[63]

　　内维特怀疑像二甲基硫醚这样的物质或许为海鸟提供了附加在海
面上的一种嗅觉地形图。海洋的锋面或者上升流这样的浮游植物聚集
的区域会吸引浮游动物比如磷虾前来取食。取食的时候，二甲基硫醚被
释放到空气中，产生的气味顺风扩散。风和海浪的作用使得这股气味
逐渐碎片化并不规则化，同时也随着扩散距离的增加而越来越弱。想
象一下，一只鸟是怎样依靠空气传播的信息来找到气味的来源，也就是
食物的呢？答案是侧风飞行以增加定位气味来源的机会，一旦侦测到气
味，便"之"字形曲折飞行，持续跟踪气味，直到找到猎物。

　　内维特的预测和一些早期对鹱觅食的观察记录惊人地一致。J.
W. 柯林斯船长在 1882 年记述了新英格兰的渔民是如何捕捉鹱一类的
鸟来当作诱饵的：

鸟的感官

很多时候，我们穿过弥漫的浓雾，连续几个小时一只鸟都看不到，就会向海里扔一些肝脏做试验，看看是否会有鸟被吸引到船边来。随着肝脏的碎片慢慢地漂向帆船的后方，要不了多久，就能够看到一只"凯瑞嬷嬷"鸟（Mother-Carey Chicken，指海燕）或者一只"丑妪"鸟（Hag，指大鹱）穿过浓雾逆风而来，前前后后飞行，穿过帆船留下的航迹，好像是在闻气味，直到它发现漂浮的肝脏。[64]

为了验证她的想法，加比·内维特和同事们把一些崭新的技术应用在世界上最大的海鸟漂泊信天翁身上。这种鸟会为了寻找鱿鱼和腐肉穿越数千平方公里，并且像其他管鼻类一样拥有特别大的嗅球。众所周知，这种鸟会被鱼腥味吸引，因此也成为研究侦测气味能力的一种最佳研究对象。19 只在南印度洋波塞申岛哺育幼鸟的漂泊信天翁被戴上了全球定位系统定位器，研究者们可以借此非常精准地追踪这种鸟捕获猎物之前在海洋上的飞行路径。这些鸟同时也被装上了胃部温度记录仪，可以测出它们进食的时间。

如果信天翁觅食依靠视觉，那么可以预测，它们大概会直线飞向猎物，但如果它们依靠气味觅食，则会采取一种"之"字形的飞行路径。事实上，所有的觅食记录中有一半包含"之"字形飞行，这表明这些信天翁有大约一半的时间会通过气味寻找猎物。这项研究令人印象深刻，并进一步提供了嗅觉在信天翁的觅食行为中起基础作用的确凿证据。不过像其他物种一样，嗅觉也是和其他感觉系统——在这一事例中是视觉——配合发挥作用的。[65]

海洋嗅觉地形图这一想法是相对较新的，而陆地的嗅觉地形图则早已有之。20世纪70年代，在加比·内维特的职业生涯开始之前，由弗洛里亚诺·帕皮领导的意大利研究者们提出，鸽子的导航能力部分来源于嗅觉。与加比·内维特的海洋嗅觉地形图相比，鸽子使用嗅觉线索来增强它们回家能力的想法遇到了很多困难。部分困难在于区分嗅觉的作用与感受地磁场的能力。令鸽子这一问题更棘手的是，对于和上喙中公认的磁受体相连的神经（三叉神经眼支）来说，既要切断嗅神经又不切断三叉神经的眼支神经是非常困难的，之前的大部分实验都是将两种神经同时切断，也就是同时"剔除"两种感觉。但是，意大利比萨大学的安娜·加利亚尔多最近所做的工作解决了这个问题，并且得出结论：嗅觉线索对于鸽子生成导航地图确实是必需的。

在这一章的结尾让我们回到若昂·多斯桑托斯的响蜜䴕。在20世纪60年代，纠正了奥杜邦关于红头美洲鹫嗅觉的错误结论的肯尼斯·施塔格也对响蜜䴕做了简单的实验。在肯尼亚的一处响蜜䴕很常见的区域开展野外工作期间，施塔格将一些纯蜂蜡蜡烛放在树杈上。没有点燃的蜡烛没有吸引响蜜䴕（他没有说明在多长时间内），但是当蜡烛被点燃后不到15分钟，一只北非响蜜䴕就出现了，并且在点燃35分钟后，有不少于6只响蜜䴕来到蜡烛附近或者啄食融化的蜡。施塔格将他的实验又向前推进了一步，收集了"3种（响蜜䴕）的头部组织"。他接下来的解剖确定了3种响蜜䴕都有非常大的鼻甲，正如他所说，这让他更加"相信嗅觉也许在响蜜䴕的行为中扮演了重要的角色"。[67]

磁感

迁徙中的斑尾塍鹬。由磁感能力导向，这些鸟一次性日夜兼程从阿拉斯加飞到新西兰，航程 11,000 公里。

一种并未确认其存在，但假设会在一些时候调用的能力。

——亚瑟·兰兹伯勒·汤姆森为《新鸟类辞典》

编写的"磁感"条目，1964 年，

托马斯·尼尔逊父子出版公司

在斯科莫岛上，我很小心地走在陡峭的岩石斜坡上，向下接近一群毫无戒心的海鸦。这些鸟大多在养育雏鸟，每巢一只。在我看来，这些雏鸟只不过是在期盼着下一餐的到来。遥远的下方，海浪撞击着黑色的玄武岩，在湛蓝的天空下，我能够看到充满野性的彭布罗克郡海岸模糊的轮廓。我停在这群海鸦的正上方，带着我特别改装的鱼竿缓缓向前。在确保自己安全之后，我小心翼翼地套住其中一只成鸟的腿。随着我慢慢地将那只鸟拉过来，它很快发觉不对劲。但为时已晚！在它反应过来发生了什么之前，我已经牢牢地抓住它了。这种鸟看起来愚蠢、温顺或缺乏警觉，因此在过去它们被称为"蠢海鸦"。对我来说这种鸟的天真是好事，在接下来的一小时里，我总共抓到 18 只海鸦。我们给抓到的每一只海鸦的一条腿上环一个金属环（环志），在另外一条腿上装一个特别定制的塑料环，环上带有一个微型定位装置，这个装置每隔 10 分钟会记录一次日光量，直到两三年后电池耗尽。不同经纬度的日光量不同，这可以帮我们了解鸟当时在哪里。装置安装好后，我们将

鸟的感官

这些鸟放回空中：它们冲向大海，在空中划出一个巨大的弧形，几分钟后，随着一阵扑楞的扇翅声，它们又再次回到岩架上，与雏鸟重聚。

我从 20 世纪 70 年代开始就在这个岛上研究海鸦，当我写到这里的时候，已经是 2009 年了。和我一起工作的是牛津的蒂姆·吉尔福德和他的学生，以及与我在谢菲尔德大学共事很久的本·哈奇韦尔，他攻读博士时的课题也是关于斯科莫岛的海鸦。

12 个月以后，我再次套上绳索，下降到同一小群海鸦那里。这次情况不太一样了：被抓过一次后它们有经验了。海鸦们，尽管心系它们的雏鸟，但决定不再落入我的套索。于是这次看起来很蠢的是我，我和同事尽力要把定位装置回收，这样我们就能知道这些鸟在过去的一年中都到过哪里。我们对斯科莫岛上的海鸦越冬地所知甚少，有限的信息只是从一些环志过的死鸟那里获得，这样的信息不但非常不完整而且可能有偏差。

在高出海面 70 米处，我拿着我的海鸦套索向前探身，双臂伸到极限。那些鸟慢慢移开，在我的套索旁跳来跳去，铁了心不被抓到。30 分钟之后，我放弃了，沿着绳子爬回看不到鸟的地方，满心期待的同事们在等着我。他们对我的失败很失望，我自己也很失望，于是本提出要去试试。

他慢慢消失在斜坡边缘，直到我只能看到他头盔的顶部和偶尔出现的鱼竿——他在耐心地慢慢接近那些鸟。这些鸟对他非常警觉，唯一的希望就是有什么事情能够分散它们的注意力，比如一架飞机飞过或者一只海鸦从海里带着鱼回来。这恰巧就发生了——一架飞机飞来了（我能听到海鸦不安的叫声）——我看到本志在必得地挥动鱼竿。很快他顺着绳子爬上来，带着一个大大的笑容，交给我一只戴着特别的绿色定位装置的海鸦。

我们带着鸟又往上爬了 70 米，到达崖壁顶端，吉尔福德的学生们正等在那里。鸟腿上的定位装置被连接上笔记本电脑，我们将其中的数据下载了下来。这并不代表我们能够安心：定位装置有时会失败。但这一次没有。在被捕获几分钟后，这只鸟过去 370 天的行程就像魔法一样出现在电脑屏幕上。我们趴在草地上，围在笔记本前，影子遮住了照射在屏幕上的阳光。一幅世界地图出现了，每隔 10 分钟标记出一个位置，直到把这只鸟一整年的旅行轨迹显示出来。

我们从图中看到：在去年 7 月份上一个繁殖季过去不久，这只鸟启程向南飞往比斯开湾，在那里待了几周之后，又向北飞行 1500 公里到达苏格兰西北部，在那里度过大半个冬天。然后，又回到比斯开湾待了几周，在这一次的繁殖季开始前启程回到我们所在的斯科莫岛的这个岩架。

我们立刻感到心满意足，一整年的独家数据几分钟内就呈现在电脑屏幕上。这似乎不可思议，但事实上，新的追踪技术——定位装置、卫星追踪，等等——已经导致了鸟类行为、迁徙和导航方面研究的革命性变化。

稍后，我们又从其他几只海鸦身上回收了定位装置，让我们感到安心的是，它们全都显示了同样的飞行轨迹，展现给我们一幅动态图景：这些鸟在离开繁殖地去越冬的几个月间，跨越了非常遥远的距离。

这是关于海鸦的全新资料。这些结果完全改变了我们基于过去几十年的环志回收对它们行为的认知。本和我很高兴：几年以来，我们都在想我们研究的这些海鸦在繁殖季节之外的时间可能去了哪里。近年来，定位装置已经被用于红背伯劳和夜莺等鸟类，追踪它们往返于欧洲北部和非洲。然而在长距离迁徙的鸟类之中，最惊人的结果出自鹱、信天翁和北极燕鸥这些经历跨越海洋的超长旅程的鸟，令人印象特别深刻的是斑尾塍鹬历经 8 天，跨越 11,000 公里不停歇地从新西兰飞到阿拉斯加。[1]

我们坐在斯科莫岛的崖壁顶上沐浴阳光，显示在电脑屏幕中的地图提出了一个重要的问题。这些海鸦如何仅仅依靠海面地平线知道飞往它们繁殖地的路线呢？更确切地说，它们如何知道哪条飞行路线通向它们在比斯开停歇觅食的区域或者苏格兰北部附近的越冬地呢？那些塍鹬是如何穿越整个太平洋寻找目的地呢？不仅仅是鸟类迁徙过程中，这个问题还涉及它们在日常生活中如何认路，在过去的千百年间这个问题不知多少次被问起。

在 20 世纪 30 年代，戴维·拉克和罗纳德·洛克利也问到了完全同样的问题。拉克当时在德文郡的达廷顿当教师，业余时间他研究欧亚鸲，后来以他的书《欧亚鸲的生活》（*The Life of the Robin*，1945 年）而闻名，再后来他成了最有名的鸟类学家。罗纳德·洛克利是一个业余鸟类学家，1927 年 26 岁时他和妻子多丽丝搬到位于斯科莫岛以南 5 公里的无人岛斯考哥尔摩岛安家落户。接下来几年里，洛克利研究了岛上的海鸟，包括数量最多也最神秘的物种：大西洋鹱。大约有 150,000 对大西洋鹱在斯科莫和斯考哥尔摩邻近的岛屿繁殖，约占世界上这一物种数量的 40%。这种鸟是夜行性的——以此躲避掠食性的鸥，并且只有在 3 月到 9 月的繁殖期才到岸上来，而一年中的其他时间都在海上。洛克利的鸟类繁殖生物学调查开拓了新的领域，因为在那个年代，还没有几种海鸟的繁殖被详细研究过。

1936 年 6 月，拉克带来一群小学生到斯考哥尔摩，在洛克利的白色小屋附近露营。一天傍晚，随着夜幕降临，拉克和洛克利开始谈论鸟类如何认路，猜测如果拉克带一只鹱回德文郡会怎样：那只鸟多快能飞回斯考哥尔摩？在一旁偷听的孩子们喜欢这个想法，于是当拉克和孩子们离开斯考哥尔摩时，他们带走了三只大西洋鹱，每一只都戴了一个特别的脚环。令人遗憾的是其中两只死在了路上，但第三只，被洛克利命名为卡洛琳（他总是毫无顾忌地将他环志的鸟拟人化）的鹱如期于 6 月 18 日下午 2 点从德文郡南部距离斯考哥尔摩大约 225 英里（360 公里）海程的出发点被放飞。

当时德文郡和斯考哥尔摩之间的通信仅限于邮政，需要花费几天时间，所以洛克利还不知道他两只珍贵的鸟已经死了。他估计鸟最早也要在 6 月 19 日回来，但仍然决定在 6 月 18 日晚临近午夜的时候去卡洛琳的洞穴巢里查看一下。令他惊异的是，卡洛琳已经回来并正在孵卵，距离放飞仅有 9 小时 45 分钟。欣喜若狂的洛克利写道："很明显……卡洛琳认得路。她没有时间寻找。她认得斯考哥尔摩位于什么方向，并且找到了。我们与卡洛琳的成功令人激动，我们应当开展进一步的实验。"[2]

为了确认鹱是否真的拥有方向感，洛克利和拉克意识到他们必须将鹱带到它们之前不可能去过的地方放飞。因此，接下来的地方越来越充满野心，包括英国萨里郡的内陆地区、意大利的威尼斯和美国的波士顿。部分个体返回斯考哥尔摩的速度之快再次确认它们拥有很强的方向感。[3]

　　　　　　　　　　　　　　　　　　鸟的感官

洛克利开创性的研究被杰弗里·马修斯延续并发展，他是英国格洛斯特郡斯利姆布里奇水禽保护基金会（Wildfowl Trust）的鸟类学家。他在 20 世纪 50 年代早期将该研究的实验操作提升到一个更科学的水平。马修斯在多个不同的地点，包括剑桥大学图书馆高塔顶上进行放飞。他会记录这些鸟起飞后的方向，并且注意在前一只鸟飞出视线之前，不放飞下一只（避免它们互相影响的可能性）。大多数离开图书馆高塔的鸟都向西飞行，横穿英国直接回到斯考哥尔摩，"第一次确凿地证明了野生鸟类确实拥有导航能力"。[4] 我想，如果当时某位不知道这项伟大实验的观鸟者恰巧看到这些大西洋鹱中的一只一路向西飞行而离海这么远，他会想什么？

洛克利不仅仅开创了大西洋鹱导航能力的研究，也最早调查了它们的繁殖生态学，确定了这种鸟的孵化期是 51 天；雌雄亲鸟轮流孵卵，6 天交换一次；发育缓慢的雏鸟在羽翼丰满前会在洞穴巢里生活不少于 10 周。洛克利在 1939 年第二次世界大战爆发前夕离开斯考哥尔摩，但在 20 世纪 60 年代早期，又重新有人对斯考哥尔摩的大西洋鹱产生了兴趣——迈克·哈里斯在这里开始了他的博士生研究。为了更好地了解这种鸟的生物学，哈里斯开始大量环志大西洋鹱雏鸟，在 1963 年至 1976 年期间，哈里斯在被他亲切地称为"鹱奴隶"的雏鸟的配合下，环志数量惊人，达到 86,000 只。一些回收的环志为了解这些大西洋鹱在繁殖季节之外的行踪提供了一丝信息，这成为这些环志行动意料之外的一项成果。人们已经知道，大西洋鹱偶尔会出现在南半球：伟大的海鸟生物学家罗伯特·库什曼·墨菲曾经于 1912 年在乌拉圭海岸附近看到一只，但这样的目击记录的鸟属于大西洋鹱分布最南端的亚速尔群岛上繁殖的种群。1952 年在阿根廷海滩上发现的一只戴有环志的大西洋鹱尸体确认了斯考哥尔摩的这些鸟有时会迁徙 10,000 公里到南美洲。但是，当然，一只燕子的来临说明不了夏天的到来，一只大西洋鹱的尸体也说明不了这是一条固定迁徙路线。

大西洋鹱确实会在南美海岸附近稳定越冬，这在 20 世纪 80 年代被完美地确认了。当时迈克·布鲁克和他之前的博士生导师克里斯·佩林斯决定去查看过去 20 年中累积的 3600 份大西洋鹱的环志回收记录。使用环志回收来推断海鸟的活动模式有一点像试图从警察局收到的英国游客丢失的护照来确定他们夏天的度假地——十分粗略且带有各种各样的偏差。环志回收记录显示，这些大西洋鹱在秋天离开它们在斯考哥尔摩和英国其他地方的繁殖地，向南飞过比斯开湾，接着飞过马德里、加那利群岛和西非，经过赤道附近某处飞向南美，最终抵达巴西海岸附近。第二年春天的回程开始时，这些鸟飞向南大西洋中部，然后转向沿着一条比南迁时稍微靠西一些的路线飞回英国。[5]

2006 年夏天，蒂姆·吉尔福德和他的同事在 6 对在斯科莫岛上繁殖的大西洋鹱身上安装了定位装置——由于大西洋鹱在洞里筑巢，重捕它们比海鸦容易多了。第二年春天，雌鸟产下它的单枚卵后不久，所有 12 只鸟都被重捕了。对定位装置的分析印证了之前通过 50 年的环志回收累积得出的大致迁徙路线，但也提供了一些意想不到的信息。第一，这些鸟的越冬地比环志回收显示的更偏南：阿根廷海岸附近，拉普拉塔河南部，一片混合了洋流的区域，大概为海鸟提供了丰富的鱼类。第二，之前的观点认为大西洋鹱直接飞往它们的越冬地，基于偶然出现的非常快的环志回收——包括在环志后仅仅 16 天就在巴西海岸上回收的一只鸟，定位装置的信息显示这种快速直接的飞行方式是不典型的：相反，这些鸟频繁地中途停歇，如同在陆地上迁徙的鸟一样多，很可能是为了补充能量。在一些情况下，大西洋鹱会在它们的中途停歇地停留几周。[6]

尽管这一新技术扩展并改进了我们对一些鸟类超远程迁徙的认识，但到目前为止，这并没有增进多少我们对鸟类如何进行这样的旅程以及它们如何认路这类问题的了解。

也许矛盾的是，我们对定位机制的理解大多是通过对笼养鸟的研究获得的。18 世纪初，非正式的观察者就发现，他们的笼养鸣禽如歌鸲在春秋季本应当迁徙的时节会激动地跳来跳去。250 年后的 20 世纪60 年代，生物学家终于能够通过一种被称为"埃姆伦漏斗"（以其发明者斯蒂夫·埃姆伦命名）的巧妙装置测试鸟类的这种所谓迁徙兴奋来进行研究。[7]

埃姆伦漏斗彻底改变了对鸟类迁徙的研究。整个装置由三部分构成：（顶部）最大直径约 40 厘米的吸墨纸漏斗，漏斗底部的印台，以及一张罩在顶部的圆形线网，这样鸟类能够透过它看到天空。随着鸟的跳跃，沾在它脚上的墨在吸墨纸上留下印记，这为迁徙的方向和强度提供了指示。[8] 埃姆伦漏斗的妙处在于成本很低，并且可以让研究者们非常快地测试一大批（小型）鸟。有时候只需要将一只候鸟放入埃姆伦漏斗大约一小时，就能够得到一些有意义的印记。使用这一手段，我们已经通过多种方式证实小型鸟拥有包含在基因中的程序，让它在一定天数内飞往一个特定的方向。结论相当有意义，但其本身还不足以告诉我们鸟类如何导航。它肯定不能解释大西洋鹱是怎样在毫无特征的大西洋上找回斯科莫岛，或者一只春季向北迁徙、在撒哈拉沙漠的绿洲中停歇的歌鸲是如何找到上一年在萨里郡一片林地中的领地的。

研究鸟类定向的历史漫长而且有时充满争议。在 19 世纪中期，对于鸽子这样的鸟如何找到归巢的路的观点主要有两种。一种观点是鸟类记住了它们之前的旅程，但缺乏相关证据。另一种观点基于地球有如巨大磁体这一较新的发现，认为鸟类拥有第六感，可以探测磁场。小说家儒勒·凡尔纳很快就在他的小说《哈特拉斯船长历险记》(*The Adventures and Voyages of Captain Hatteras*，1866 年) 中引用了这一观点：书中的主人公"……在磁力的影响下……总是向北走"。鸟类，而不是人，使用磁感能力来导航的想法于 1859 年由俄罗斯动物学家亚历克斯·冯·米登多夫提出，但是这一想法被其他大多数鸟类学家，包括19 世纪末的英国鸟类学家阿尔弗雷德·牛顿嗤之以鼻。[9]

1936 年，另一位英国鸟类学家亚瑟·兰兹伯勒·汤姆森写道："尚未发现任何关于磁感能力的证据……此外这一想法变得不太吸引实验关注了，因为现有现象对于证实这一观点是十分不充分的。"[10] 类似地，1944 年，唐·格里芬在另外一段深刻的评论中说："还没有任何动物显示出对磁场敏感，并且由于已知没有活组织含有唯一有能力在地球磁场中表现出可感的机械力作用的铁磁性物质（比如金属铁氧化物），对地球这样微弱磁场的敏感性是几乎不太可能的。"[11]

在那之后不久，20 世纪 50 年代初，德国鸟类学家古斯塔夫·克拉默开始以新的方式考虑这个问题，意识到导航包括两个步骤。鸟类必须知道它们被放飞时的地点，并且需要知道归巢的方向。这也是人们定向的方式：第一步要研究地图（我在哪里？），第二步则需要使用指南针（家在哪个方向？）。这成为知名的克拉默"地图和指南针"模型。

有一些潜在的定向工具。我们最熟悉的是磁性指南针，其中磁化的针会按照地磁场的磁力线排列，并指向北方。迁徙生物学家已经确认了鸟类用于定向的其他几类定向工具，包括日间迁徙用的太阳方位定向和夜间迁徙用的星空方位定向。

鸟类可能拥有磁性定向能力的第一个证据出现于 20 世纪 50 年代，弗雷德里克·默克尔和他的学生沃尔夫冈·维尔奇科当时在德国研究欧亚鸲的迁徙行为。很显然，观察迁徙的过程非常困难，尤其是欧亚鸲是一种夜间迁徙的鸟。但是，通过在迁徙出发之前捕获欧亚鸲并且将它们放置在特别设计的"定向笼"——埃姆伦漏斗的前身——中几个小时，研究者能够看到它们往哪个方向跳跃或振翅，这些行为很好地反映了它们迁徙的方向。欧亚鸲在定向笼中能够看到夜空，默克尔和维尔奇科发现鸟类利用星星作为它们的定向手段使它们在秋季迁徙中从德国出发后保持朝向西南方飞行。但他们观察欧亚鸲在**完全黑暗**中的行为时发现，欧亚鸲并不会如他们所期望那样迷失方向，而是继续向它们通常朝向的西南方跳跃。这暗示着星星对鸟类正确定向而言，并非不可或缺。结果令人吃惊，它们一定还有别的什么方法。

为了测试这"别的什么方法"是否是磁性定向，研究者将欧亚鸲放在定向笼里，周围布置一个巨大的电磁线圈，可以借此改变磁场。他们随后比较在磁场方向逆转、转向东或转向西时欧亚鸲的跳跃方向。正如他们所希望的，这些鸟表现出来的行为完全符合它们能够感受磁场，并随磁场方向变化相应改变跳跃方向的猜想。[12]

在此之后对其他物种的研究得到了类似的结果。到了 20 世纪 80 年代，历史上的怀疑完全被打消，人们普遍接受了鸟类确实拥有磁感能力并能根据地球磁场找到方向的观点。换句话说，这些鸟的确拥有磁性定向的能力。

惊人的是，鸟类还拥有一张磁场**地形图**，使它们能够确定自己的位置——就像拥有全球卫星定位系统，但不是使用卫星信号，而是使用地球磁场。[13]并非只有候鸟有这个能力：如在家鸡这样不迁徙的鸟，以及在哺乳动物和蝴蝶中也发现了磁感能力，想必这有助于在跨越相对较短的距离时定位。[14]

磁感能力一度被认为并不存在的原因之一是鸟类没有明显的专门用于探测磁场的器官。对于像视觉和听觉这样的感官，眼睛和耳朵显然专门用于直接从环境中探测光线和声音。磁感则与光线和声音不同，磁场可以通过身体组织。这意味着有可能鸟（或其他动物）是通过全身各处一个个细胞内的化学反应来探测到磁场的。

最近关于包括鸟在内的动物如何探测到磁场有三个主要理论。第一个是所谓的"电磁感应"，可能出现在鱼类身上，但是鸟和其他动物似乎缺少这一机制所必需的高度敏感的感受器。第二个理论涉及四氧化三铁这种磁性矿物，20 世纪 70 年代在某些细菌中发现了这种物质，这些细菌因此得以用磁场来调整自己的位置。进一步的研究指出其他物种，包括蜜蜂、鱼类和鸟类，也拥有微小的四氧化三铁晶体。20 世纪 80 年代在鸽子的眼睛周围和上喙鼻腔的神经末梢中发现了四氧化三

　　　　　　　　　　　　　　　鸟的感官

铁的微晶。我们将会看到，如果这些晶体能够在导航中发挥作用，眼睛周围和鼻腔中是最能发挥作用的位置。[15] 第三个理论包含一个有趣的可能性：磁感能力可能是由一种化学反应作为媒介产生的。

20 世纪 70 年代发现磁场能够改变某些类型的化学反应，但是那时没有人想到这样的过程有可能帮助迁徙的鸟类认路。更值得注意的是，似乎这些特殊的化学反应是被光诱导的，这使美国的一组研究者们推测，鸟类可能会"看到"地球的磁场。[16]

这个看起来不太可靠的想法促使沃尔夫冈·维尔奇科和他的妻子罗斯维塔着手调查。他们从其他人的研究中了解到，自由飞翔的鸽子如果一只眼睛被不透明的遮蔽物遮住了，那么遮住左眼仅凭右眼视物的鸽子比遮住右眼仅用左眼视物的鸽子更容易飞回家。值得注意的是，在多云的情况下，右眼视物的优势表现得最明显。这显然意味着这些鸟并不是把太阳当指南针，而有可能在使用一种不知如何与右眼联系起来的磁感能力。这听起来不太可能，但是维尔奇科团队知道鸟类的大脑是高度偏侧化的，鸽子的实验结果符合左脑（从右眼接收信息，如我们在第一章所看到的）更擅长处理与归巢和导航相关的信息的结论。为了直接检验这个想法，维尔奇科再次转向他们最喜爱的研究物种：欧亚鸲。

当暴露双眼时，欧亚鸲向它们正常的迁徙方向跳跃。但当磁场被实验性地转换了 180 度，这些鸟跳跃的方向也跟着转了 180 度。接下来测试的是一只眼睛被遮住的欧亚鸲。将右眼暴露在光线中（也就是遮住了左眼），鸟儿跳动的方向和两只眼睛都能看到光线时是完全一样的。但是当右眼被遮住，只有左眼能看到光线时，欧亚鸲无法定向了——意味着它们看不到地球的磁场了。这一特别的结果显示了只有它们的右眼能够感受地球的磁场。

右眼—左脑程序是如何工作的呢? 有没有可能仅仅是右眼对光线更敏感? 为了搞清楚这一点,维尔奇科进行了进一步实验,给他们的欧亚鸲戴上相当于隐形眼镜的镜片。两个镜片允许同样的光量进入眼睛,但是其中一片是毛玻璃,只能看到模糊的成像,另一片是清晰的。结果再一次令人震惊。右眼—左脑程序效果依旧: 一旦欧亚鸲通过右眼上的毛玻璃镜片看世界,它们就不能定向了;当右眼上是清晰的镜片时,它们定向的精度一如从前。

这意味着光本身并不重要,重要的是图像的清晰度。看来欧亚鸲的能力是看到图景的轮廓和边缘,由此产生合适的信号来触发磁感能力。了不起! 正如我的一位同事所说:"这难以置信,但千真万确。"

视觉诱发化学反应的理论如上所述,那之前提到的铁磁矿物的理论是怎样呢? 这两种理论并非不能共存,或许更可能是在同一个动物体内同时运作的两套独立系统: 眼睛中的化学机制提供"**指南针**",而喙中的铁磁矿物感受器提供"**地图**"。指南针也许能够探明磁场的**方向**,地图则探测磁场的**强度**,通过整合两套系统的信息,鸟类就能够找到回家的路,无论是穿过没有明显特征的大洋还是穿过大片陆地。[17]

鸟类拥有磁感能力这一事实曾一度被认为毫无可能,而对于鸟类感觉能力的探索还在进行,这是了不起的事业。正是这样的探索才让科学沸腾。

鸟的感官

情绪

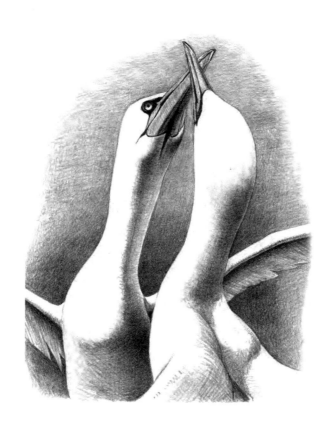

一对北鲣鸟行问候礼——在团聚的时候这对配偶的感觉如何？

许多科学家对把"情绪"这个词用在动物身上表示不适，因为他们害怕这会产生无意识地暗示动物也有类似人类那样的体验的拟人论假定。

——保罗、哈丁和门德尔，2005 年，"测量动物的情绪过程：一种认知途径的功能"，《神经科学和行为学评论》，29:469

可以肯定地说，加拿大努勒维特康沃利斯岛的雷索卢特是世界上最偏远的人类居民点之一。几乎所有在加拿大高纬度北极地区做研究的人都要先乘坐航班到达这里，然后在这里转乘轻型飞机或直升机前往他们的最终目的地。飞机降落时，我看到跑道的另一边有起飞或降落失败留下的飞机残骸。这让我对北极之行备感压力，但更糟糕的还在后面。这里远远不是我想象中浪漫的遥远北方，荒凉泥泞的景观、到处弥漫的航空燃料的气味和当地因纽特人随意拿鸟当练习靶子的方式让我很失望。

我在 6 月中旬抵达，正是那里春季雪融的时候。第一天我就在一个冰冻的池塘里发现一对黑雁：黑色的轮廓在白色冰雪的背景中很明显，它们在等待雪融和繁殖的时机。第二天我开车再次经过冰冻的池塘，但很沮丧地看到其中一只雁已经被打死了，在它已经没有生命的躯体旁边站着它的伴侣。又过了一周，我再次经过那个池塘，阴阳相隔的两只鸟依然在那里。那一天我离开了雷索卢特，所以我无法知道那只鸟在它

鸟的感官

死去的伴侣旁边守护了多久。

维系着这两只鸟——无论是生死——的纽带是一种情感吗？或者，让像雁这样的鸟一直和它的伴侣紧密待在一起的，只是一种简单的机械性反应，就像执行程序一样？

查尔斯·达尔文毫不怀疑像鸟类和哺乳类这样的动物能够体验情绪。在《人类和动物的表情》(*The Expression of the Emotions in Man and Animals*，1872 年) 一书中，他提出 6 种共同的情绪——恐惧、愤怒、厌恶、惊讶、悲伤和喜悦，后来其他研究者又增加了嫉妒、同情、内疚、骄傲，等等。实际上，达尔文设想情绪是从快乐到不快乐的连续体。达尔文大部分的书都涉及人类，特别是他自己的孩子，他仔细研究过他们的面部表情。达尔文也从他养的宠物狗身上获得了许多深刻的见解——每只狗的主人都知道，狗会非常明显地表达它们的情感。

和在他之前的许多博物学家一样，达尔文认为鸟类的叫声是它们对情绪的表达。在不同情况下鸟类发出的声音也有着我们可以分辨的不同特质——在攻击时很尖利，对着伴侣时很轻柔，被捕食者抓住时很哀伤——这很容易让我们觉得它们和我们一样。类似地，因为我们发现鸟类的歌声很悦耳，而且长久以来我们认为鸟类的感觉和我们一样，因此我们会觉得它们是因为自己或伴侣的快乐而歌唱。[1] 从某种程度上说，这完全是拟人论的。另一方面，考虑到我们和鸟类拥有共同的祖先，拥有很多同样的感觉形式，那么拥有共同的情绪表达也是有可能的。

鸟类和它们的后代互动时常常会情绪高涨。亲鸟关心它们的雏鸟，喂养它们，与它们相互理羽，移走它们的粪便，保护它们免受捕食者袭击。像鸻和鹬这样在地面营巢的鸟表现出的拟伤行为，是亲代保护中一个非常有趣的例子。遇到狐狸或人的时候，亲鸟会拖着一只翅膀在地面上穿过，将捕食者从更脆弱的雏鸟那里引开。人们曾经认为这种分散注意力的行为代表着父母的献身精神和智慧，但现在被认为是本能，并没有什么情感上的投入，只是由待在后代附近和躲避捕食者这两种策略倾向的冲突引发的。[2]

即使如此，亲鸟保护幼鸟的方式，或者小鸡小鸭跟着妈妈、在危险的时候跑向妈妈的景象，使它们看起来好像由一种情感纽带联系在一起。这种纽带是否是情感上的还不太清楚，但一定是存在的。这种纽带很大程度上来自于幼鸟在出壳后不久对它母亲产生的印痕。如果小鸡在孵化器中孵化，它们也会对第一眼看到的**任何东西**产生印痕，包括靴子或足球这样的非生命物体。这种情况下，我们对这种行为的解释就会完全不同，而且常会怀疑为什么幼鸟会这么蠢——它们怎么会对一只靴子或者一个球产生情感联系？不过，对这个明显的"愚蠢行为"存在一个完全合理的解释。

自然选择使小鸡倾向于对它们看到的第一个物体产生印痕，因为这通常是它的母亲。在正常情况下，这种机制非常有用。让一只小鸡跟着一只靴子或一个球，我们只是利用了一条简单的内置规则：跟着你看到的第一个物体。杜鹃的雏鸟也用完全同样的方式来利用养父母的照顾——利用养父母喂养任何在它们巢里乞食的物体这一规则。我们也许会随意地问为什么养父母会如此愚蠢，会被杜鹃雏鸟欺骗。

排除情感投入因素来解释抚育和其他行为显然是可行的，但我们怎么能确定鸟类和其他动物不会像我们人类一样体验到情感呢？

在考虑鸟类能否体验情感这个问题之前，我需要给你们讲一些背景知识。我们会从 20 世纪 30 年代说起，尽管达尔文早就开了一个好头，但关于动物行为的研究这时才真正开始起步。北美的研究人员采用了简单实用的心理学方法来研究行为，主要针对笼养的动物，训练它们敲击按键来获得奖励或避免惩罚。在这些被称作"行为主义者"[i] 的研究者们眼中，动物比自动装置好不了多少。这是自相矛盾的：行为主义者的根本理论要依赖动物能够对痛苦做出反应以及会被奖励激励。如今大部分动物行为学的学生鄙视行为主义者的方式，因为这种方式人为因素太强，但是它确实揭示了很多动物的认知能力。举例来说，人们发现鸽子至少能够像人类那样对视觉图像进行记忆和分类。这在当时看起来是匪夷所思的，因为鸽子在其他测试中表现得很笨拙，但正如我们已经讲到的，人们后来意识到鸽子依赖视觉地图来定位，这一发现就非常合情理了。

欧洲人采用了更自然的方式来研究行为：在动物所在的自然环境中研究它们，于是创造了"行为学"学科。他们最初的重点放在**导致**行为的原因上——是什么刺激触发了行为？这个时期观察到的一个著名的例子是银鸥雏鸟会啄亲鸟喙上的红点来刺激亲鸟反吐食物给自己。从本质上说，行为学家在研究交流——动物对其他个体"说"的是什么，以及刺激它们以某种特定的方式表达行为的原因。

---

i —— 译者注：行为主义者（Behaviourist）是指主张行为主义（Behaviorism）的研究者学派，他们主张对外在刺激的行为反应是唯一可以检验的东西，而心智、情感等是科学无法研究的。这个学派与比较心理学（Comparative Psychology），即当今动物行为学的另外一个重要学派，有密切关系。

虽然行为学家的方式更加自然，但客观上他们也同样会尽量避免陷入拟人论的陷阱，如行为学的奠基人之一尼可·廷伯根（1973 年与康拉德·洛伦兹、卡尔·冯·弗里施共同获得诺贝尔生理学或医学奖）在《本能研究》（*The Study of Instinct*，1951 年）的引言中阐述道：

> 知道人类在特定的行为阶段经常感受到强烈的情绪，也注意到许多动物的行为经常类似于我们人类的"情绪性"行为，有些人会得出结论，动物会体验到和我们自身类似的情绪。很多人甚至走得更远，在科学的语言中也主张情绪……是因果性因素……这不是我们在动物行为研究中要遵循的方法。

廷伯根的观点被很好地坚持到了 20 世纪 80 年代，研究者们被"劝告要研究动物的行为而不要试图去碰触背后的任何有关情绪的问题"。[3]

虽然如此，一些人，比如我们之前讲到过的杰出的生物学家唐·格里芬，有充分的信心去挑战这个观点。他在 1976 年出版的《动物意识的问题》（*The Question of Animal Awareness*）是第一本严肃地阐述动物的意识并理解行为背后的"心智"问题的著作。[4] 格里芬的书招来广泛的奚落，在一定程度上，如一位同事所说："因为他的批评者们依旧排除动物中存在意识的可能性，而我们可以搞清楚它是否存在。"[5] 但是，在整个 20 世纪 70 年代中期以及进入 80 年代后，对非人类动物的感知和福利议题的日益关注大大掀起了一股对动物意识的兴趣浪潮。[6]

情绪、感觉、认知、感知和意识都是困难的概念。它们本身都难以被定义，所以在鸟类和其他非人类动物中很难被研究也不足为奇。意识是科学中一个悬而未决的重要问题，这使得该领域的研究令人兴奋且充满争议。[7]确切地定义我们所说的"意识"或者"感觉"相当困难，但相比之下，最困难的是试图想象微弱的神经元放电是如何创造一种能够认知的感受或是一种不高兴或愉悦的感觉。

这些困难并没能阻止研究者们试图去理解鸟类和其他动物的情感生活，但是缺乏一个清晰的概念框架导致了混乱的状况。举例来说，一些研究者相信鸟类和哺乳动物能够体验到的情绪与我们体验到的范围一样。其他人更保守，宣称只有人类能够体验意识，所以人类是唯一有能力体验情绪的。争议是科学中正常的一部分，争论的内容越重要，争论的激烈程度往往也就越高。意识是一个重要的挑战，它意味着试图去了解鸟类和其他动物所体验的感官类型，这也是激动人心的。对于人类来说，意识整合了不同的感官系统。我从不怀疑鸟类的感官系统也同样会被整合，这种整合所产生的（某种类型的）感受使鸟类能够照常生活，但这种整合是否能产生如我们所理解的意识尚未可知。在过去的 20 年中，我们已经有了很大的进步，我们了解得越多，越发觉得鸟类确实有感情。但这是很困难的研究：困难，但有可能非常值得，因为由此可以获得对鸟类更好的了解，而它们的生活在很多方面都和我们相似——显而易见的方面包括占主体的一夫一妻制以及高度的社会性——我们也将能更好地了解我们人类自身。

生物学家、心理学家和哲学家已经就意识和感觉的问题争论了许久，所以我无法指望在这里解决这些问题。相反，我将用一种非常简单的方法来让我们思考鸟类的头脑中能发生什么。情绪由基本的生理机制演化而来，这种基本的生理机制一方面让动物避开伤害和疼痛，另一方面让动物去获得它们所需的"奖励"，比如伴侣或食物。[8] 想象这样一个连续体，它的一端是不快和痛苦，另外一端是愉悦和奖励，这为我们讲述情绪提供了一个很好的开头。

任何扰乱动物正常平衡的事件都有可能造成压力。换句话说，压力是一种挫败情绪的症状。饥饿是促使我们寻找食物的主要感觉，如果没有办法获得食物，特别是长时间无法获得食物，就会导致压力。动物的一生中很多时间都在躲避捕食者，如果被捕食者追捕，也会导致压力。作为对压力的反应（应激反应），鸟类的肾上腺（位于腹部肾脏的上端）会释放皮质酮，进而导致将葡萄糖和脂肪释放到血液中，为鸟类提供额外的能量来将压力事件的影响降到最低。因此，这种应激反应是一种适应性——为了促进生存。然而，如果压力是持续的，那么这种反应将成为一种病态，会导致体重减轻，免疫力下降，健康整体下滑，并且完全失去繁殖的兴趣。

在我研究工作中占有重要地位的海鸦在密度极高的繁殖地中繁

殖，巢与巢之间特别贴近，这样可以避免鸥和渡鸦对它们的卵和幼鸟进行攻击，这也因此成为它们繁殖成功的关键。海鸦们如方阵一般将喙对着敌人，就可以阻止大多数的捕食者。但要让这种策略有效，这些鸟必须紧密地挨在一起。海鸦年复一年精确地回到相同的一小块仅有数厘米见方的地方产卵繁殖，有时甚至超过 20 年。理所当然地，它们对挨着的邻居非常熟悉，它们之间发展出来的特别关系——也许是友谊——是以相互理羽促成的。有些时候，这些友谊会以一种意想不到的方式偿还。当大黑背鸥试图啄走海鸦的卵或雏鸟时，偶尔会有个体海鸦从群体后面冲过来攻击那只鸥。（我曾经见过一次。）这是非常危险的行为，因为这些巨大的鸥完全有能力杀死成年的海鸦。[9]

海鸦也会以另外的方式照料彼此的后代。如果一只亲鸟离开，留下无人照料的雏鸟，它的邻居会抚育雏鸟——给它温暖并防止捕食性的鸥来攻击它。[10] 这种共同育幼的形式在海鸟中是罕见的。对于大部分其他种类的海鸟，无人照料的雏鸟会很容易被吃掉。

对于在苏格兰东海岸附近的梅岛繁殖的海鸦而言，2007 年是不同寻常的一年。它们依赖玉筋鱼作为主要食物并以其喂养雏鸟，但那一年玉筋鱼非常少，也没有其他替代品。许多研究者在总计数百个野外季观测的多个不同海鸦繁殖群中，都没有见过这种情况。梅岛上的亲鸟们不得不争着去为它们嗷嗷待哺的雏鸟觅食，它们原本正常和睦的行为陷入一片混乱。许多成年海鸦被迫留下无人照料的雏鸟去更远的地方寻找食物，但它们的邻居非但没有庇护这些无人照料的雏鸟，反而去攻击它们。当时在那里研究海鸦的凯特·阿什布鲁克告诉我：

我记得，当时我惊恐地看着一只雏鸟为了躲避攻击它的成鸟，跌跌撞撞摔进一个水坑，不同的成鸟个体啄它，让它一次又一次倒在泥水中。几分钟之后，攻击者放弃了，雏鸟挣扎着站起来，但它太虚弱了，后来很快就死掉了。它只是被丢在繁殖岩架上的许多沾满泥水的小小尸体之一。其他雏鸟被邻居叼起来，在空中晃了一圈，再被丢下崖壁。这些攻击惨绝人寰，令人震惊。[11]

　　这一前所未有的反社会行为似乎是由食物严重匮乏产生的长期压力直接导致的。在接下来的几年中，食物状况好转了，那些成年海鸦也恢复了它们正常的友善行为。[12]

　　在另外一种鸟——白翅澳鸦——中也观察到食物短缺时的类似反应。约翰·古尔德是澳大利亚最早的鸟类学家之一，他在 1840 年就该物种强烈的社会性评论道："通常可以看到它们 6 至 10 只不等形成一小群在地上进食……整个群体保持在一起活动……以最细致入微的注意力来寻找食物。"古尔德基本上认识到白翅澳鸦是一种合作繁殖的鸟类，即一对繁殖个体由其他被称为协助者的非繁殖个体协助繁殖。[13]

　　白翅澳鸦的群体由 4 至 20 只个体组成，通常会保持数年在一起。群体包含一对繁殖配偶和它们在之前几个繁殖季繁殖的后代们，有时也有一些不相关的个体。群体的所有成员共同合作建造奇特的泥土巢——不同于欧洲任何鸟类的巢，它们的巢是建在距离地面大约 10 米高处、粘在狭窄的横枝分叉处的碗状巢——群体的所有成员轮流孵化并喂养雏鸟。合作繁殖在欧洲和北美的鸟类中很罕见，但在澳大利亚的鸟类中则很平常，而白翅澳鸦是其中极端的例子，它们**总是**合作繁殖。这一物种不会结成普通的繁殖对进行繁殖。原因在于白翅澳鸦的栖息地——在干燥的地面上挖掘蠕虫和甲虫幼虫是件苦差事。白翅澳鸦要喂养幼鸟8个月之久——这是其他大多数鸟类8倍的时间。即使在成鸟停止喂养之后，白翅澳鸦的幼鸟也要花费数年时间来磨炼自己的觅食技巧。本质上说，它们是在父母的领地中觅食的学徒，作为回报，它们要做家务——捍卫领土、警惕捕食者以及协助筑巢繁殖。由于食物很难获取，一对繁殖配偶至少需要两个帮手才有机会将后代抚养长大。当研究者为白翅澳鸦提供额外的食物时，它们繁殖的成功率会骤然上升——这确认了寻找足够食物的难度是限制这种鸟活动的因素。

澳鸦群体能够发挥作用，是因为它们会依靠一系列行为将群体中的个体紧密联系在一起。它们总是一起行动：玩耍、栖息、尘浴，在休息期间，它们还会停在一根横枝上排成一排，相互理羽。这和情感有什么关系？作为一个紧密结合的群体中的一员，鸟类需要社会性互动，不仅是和本群体中其他成员的互动，也包括和其他群体的成员的互动。正如研究了这些鸟20年的罗伯·海因索恩所说："白翅澳鸦长期需要帮助，这导致了其群体中迷人的'政治'，尤其是在天气变坏的情况下。"[14]

随着干旱来临，白翅澳鸦将同时面对更多问题。食物的短缺使它们压力水平增加；它们不得不花更多时间觅食，这意味着剩下更少的时间提防捕食者。如果食物短缺到它们已经耗尽身体的脂肪并开始使用胸肌中存储的蛋白质，那就会削弱它们的飞行能力，如果受到像楔尾雕这样的捕食者的攻击，它们逃脱的概率也会降低。个体之间争抢食物，也会使压力进一步增加。虽然群体成员间过去会分享食物，但饥饿感

情绪

会让这些个体变得极度自私，都尽力将食物据为己有。更大的或占支配地位的鸟会粗暴地将较小的个体挤到一边或偷走它们的食物；抵抗并没有用，在打斗中失败产生的压力将带来更糟糕的结果。

干旱境况下的食物短缺终将导致群体分崩离析。曾经将群体维系在一起的社会性纽带消失在应激激素的汪洋中——个体分散成一个个小单元，在干燥的田里竭力寻找食物。虽然这样的策略会增加一些找到食物的概率，但也会让每个个体变得更脆弱，不仅更容易被其他的白翅澳鸦伤害，也更容易被捕食者攻击。

像其他很多鸟类一样，白翅澳鸦对天空中出现的像雕或者隼这样的捕食者的影子大概有一种天生的反应——发出报警的鸣声并采取躲避行动。20世纪三四十年代的行为学家对鸡和雁的幼鸟做了相关行为研究，确定了到底什么形状在它们头顶上运动会触发这一反应：长尾、短脖子和长翅膀。[15] 后来，在2002年，研究者们发现猛禽（实际上是一个模型）在头顶飞过会导致血液中应激激素皮质酮的增加，说明鸟类感受到了恐惧。[16]

一个巧妙的实验展示了测量应激激素水平而不是直接依靠行为来推断鸟类所体验的情绪更有价值。将一只从野外捕捉来的大山雀关起来，让它分别去看一只鬼鸮（对于山雀和其他小鸟来说是可怕的捕食者）和一只燕雀（对山雀没有威胁的雀）。那只大山雀对鬼鸮和燕雀的行为反应是一样的，但只有鬼鸮导致了大山雀皮质酮水平的激增，这清晰地证明了大山雀更害怕鬼鸮。[17]

发生应激反应时，皮质酮水平会迅速上升，但下降得很缓慢。研究者们使用一种简单而无害的测定手段来研究鸟类的应激反应——将

鸟的感官

鸟抓在手里。一旦被抓住，鸟的心率、呼吸速率和皮质酮水平都会上升，这被认为和鸟类被捕食者抓住时产生的反应是一样的。换句话说，这三个生理变化显示了鸟在害怕。虽然心率和呼吸速率在数秒钟内上升，但大概需要 3 分钟才能在血液中检测到皮质酮。类似地，当鸟被释放后，心跳和呼吸速率几分钟内就恢复正常，但依据鸟类经受到的压力大小不同，可能需要数小时皮质酮才能恢复到正常水平。

在任何种类的应激中，皮质酮水平上升是一个普遍的反应。以蛇为例——我使用爬行动物作为例子，是因为人们对它们的了解不像鸟类那样多——在和另外一条雄蛇争夺雌蛇的战斗中失败后，雄蛇会经历皮质酮上升，在接下来的几个小时中对性失去兴趣，而赢家则不会。[18]

一项针对笼养的大山雀的实验表明，鸟类在一场攻击性互动中失败后的生理变化是类似的。将被试的雄鸟和一只特别有攻击性的雄鸟放在一起一段时间，结果造成被试的雄鸟体温升高，活动降低，而且这些生理反应持续了 24 小时。在实验室的大鼠身上也获得了类似的结果。不过，这些实验不可避免地有人为影响太大之嫌，因为尽管结果看起来激动人心，但被研究的鸟不能像它们在野外那样"逃走"。因此，尽管这些实验告诉我们鸟类和其他动物能感受"恐惧"，但在野外这样的效应可能会小得多，而且它们恢复起来也要比在笼养环境中快得多。[19]

为了研究澳大利亚野生的斑胸草雀，我花了很多时间静坐在隐蔽处，用双筒或单筒望远镜观察它们。当然，在那段时间中我也看到了许多其他的野生动物，包括一次壮观的捕食事件。粉红凤头鹦鹉是一种粉红色间灰色的鹦鹉，它们在我做研究的地方很常见，经常从我的前面飞过，边飞边发出嘈杂的叫声。有一次，一只褐隼从天空直冲而下，追赶粉红凤头鹦鹉。鹦鹉群采取行动躲避，但那只隼很快认准其中一只，在半空一大片粉红色的羽毛之中抓住了它。被抓住的那只鸟发出凄厉的尖叫声，甚至在褐隼抓着它消失在树丛中之后，我依然能够听到那只鹦鹉哀伤的叫喊，我想那只鸟一定十分恐惧和痛苦。而我的看法被之后目睹的另外一次捕食事件改变了。

一只北极海鹦刚刚钻出它的洞巢，就在那时，一只雌性游隼沿着崖壁顶端滑翔而来。那只隼轻巧地落在海鹦头顶，用黄色的爪子抓住了海鹦。我自己曾经抓过海鹦，知道它们很有力，并且拥有强壮的喙和尖利的爪子，所以那时候我认为海鹦是有可能逃脱的。但它没能逃脱。相反，它静静地待着，看着抓捕它的游隼，而游隼避开它的目光，一直盯着海面。我想象那只游隼在等着它的爪子发挥作用杀死那只海鹦。但没有。海鹦是顽强的鸟，它们的身体能够在潜水捕捉猎物时承受巨大的压力，也能禁得起狂风巨浪。这是一个僵局。5 分钟过去了，看起来没有明显的进展。游隼继续凝视着大海。海鹦稍稍地扭动，它目光如炬，看起来仍然充满活力。通过我的单筒望远镜望去，这就好像是一场交通事故，恐怖同时又吸引眼球。最后，15 分钟之后，那只隼开始拔海鹦胸部的羽毛，又过了 5 分钟，开始吃海鹦胸部的肌肉。直到足足 30 分钟后，游隼已经吃饱了，被抓的海鹦才最终死去。它感觉到痛苦吗？我不知道，因为在这惨剧上演的整个过程中，海鹦都没有表现出哀痛的迹象。

杰里米·边沁（1748 年~1832 年）是一位早期的动物福利倡导者，大概他最为人所知的就是指出动物是否有理性并非问题所在，而在于

鸟的感官

它们是否能感受痛苦。[20] 这曾经是，而且现在依然是非常重要的一点。边沁因奴隶经常遭到残酷的对待而受到触动，这些奴隶常常不比动物好到哪里去。在一个世纪之前，这符合哲学家勒内·笛卡尔所假定的动物没有感受痛苦的能力，因为否认疼痛的存在有助于区分动物和我们人类自己，这是天主教教会所希望的。同样，这也意味着可以虐待动物而不用有内疚感。对于其他一些人，比如笛卡尔同时代的博物学家约翰·雷来说，想象动物不能感受到痛苦是不可能的。他问道，否则为什么狗在被活体解剖时会哭叫？证据看起来无可辩驳，但也同样客观地表明疼痛在像鸟这样的动物中的存在问题依然棘手。[21]

一些研究者认为鸟类有能力感受到的仅仅是一定类型的疼痛。想象你不留神把手放到了炉子的烤盘上。你的第一感受是有一阵刺痛感，随后立刻缩回你的手。这是一种无意识的反射。这种作用通过皮肤中的痛觉感受器（nociceptors，noci 意为伤害，因此也被称为伤害感受器）将一个信号传递给脊髓，触发了发射，导致你把手移开。这是疼痛反射的第一"阶段"。第二个阶段是将一个信息从手通过神经传递给大脑，在那里信息被处理，产生疼痛的感觉或感受。这是意识上的痛苦——在你从烤盘上移开你的手之后感觉到的。这表明了这种疼痛的感觉需要有意识。如果鸟类像一些研究者提出的那样并没有意识，那鸟儿们就不能体验到这种特别的疼痛"感受"。[22]

这种观点预设了，对于生存而言，无意识的疼痛反射已经足够。确实，许多其他动物——无论是脊椎动物还是无脊椎动物——都对有害的刺激显示出同样类型的退避反射。[23] 这样的反射对于自我保护来说价值非常明显。你只要去想一下那些因为基因突变而无法感觉到疼痛的不幸的人就明白了，他们吃饭时经常会咬到自己的舌头或腮部，或者那个巴基斯坦男孩用他痛觉的缺失来"谋生"，将刀子刺进自己的胳臂来要钱。[24]

不管怎样，对小鸡的研究为鸟类能体验到疼痛的**感受**提供了相当可信的证据。鸡的商业饲养密度很高，因此经常会相互啄对方的羽毛，甚至会同类相残。为了预防这种事情，养鸡场会切断它们喙的尖端。根据我们之前关于触觉的讨论，你大概能够想到接下来会发生什么。

断喙是一个迅速的过程，用一把热的刀片，在切割的同时灼烧喙。断喙导致最初持续 2 至 48 秒的疼痛，接下来是几个小时的无痛期，然后接着又会有第二次更漫长的疼痛期。这类似于我们被烧伤的情况。测试显示了这些鸡最初期的疼痛涉及两种类型神经纤维的放电，我们将它们简称为神经纤维 A 和神经纤维 C，都发自于痛觉感受器。神经纤维 A 负责快速的反射，类似于疼痛反射；神经纤维 C 负责随后持续时间更长的疼痛感。年幼的家鸡从断喙中感受到的疼痛似乎比成年家鸡要少，并且恢复得更快。年龄越大的鸡似乎越能感到不舒服，在手术 56 周之后，它们依然会避免使用它们的喙。比起没有被断喙的鸡，它们更少理羽，也更少用喙去探试性地啄击。[25]

重点是，除了在手术后立刻出现的摇头大概反映了最初阶段的疼痛之外，这些鸡没有表现出其他明显不适的外在迹象。只有通过测量它们行为和生理的细微差别，长时间的疼痛感受才会被发掘出来。

鸟的感官

换个不那么痛苦的话题，我有时候被问到我最喜欢的鸟是什么。很长一段时间里，我都觉得这个问题无关紧要，而 2009 年和一种鸟的经历改变了我对这个问题的想法。如果我现在被问到这个问题，我会毫不犹豫地回答是长尾蜂鸟，南美的一类美丽物种。实际上，有两种长尾蜂鸟：长尾蜂鸟和紫长尾蜂鸟[i]。正如其名（sylph，有窈窕仙女、精灵的意思），它们都是小巧优雅的蜂鸟，拥有最精致的比例和最特别的色彩：头顶是闪亮有金属光泽的绿色，根据不同种类，下颌是金属绿或者金属蓝，整条细长的尾羽都闪耀着钻蓝色或紫色。

在厄瓜多尔第一次遇到长尾蜂鸟让我兴奋了好几天。长尾蜂鸟是那么精致美丽，我甚至都想占有它，捕获并保留它的美丽。拍一张照片是不够的，因为一张照片完全拍不出它的美丽，无法充分地捕捉这种鸟的全部精髓。我现在能够理解为什么维多利亚时代的人希望在陈列柜中装满依然闪闪发光，但已经没有生命的蜂鸟标本——这样做或多或少有助于向人们多方面地展示蜂鸟，让大家了解它们引人入胜的美丽与活力。

热情的观鸟者，看见一只稀有或美丽的鸟就像陷入爱情。人们说他们爱鸟，是因为当看到一只特别的鸟，他们的脑中也会像恋爱时那样兴奋不已。

---

i —— 译者注：根据世界鸟类委员会 IOC 的名录，长尾蜂鸟（*Aglaiocercus*）属共有三种，除了作者提到的两种，还有一种南美长尾蜂鸟（*Aglaiocercus berlepschi*），之前被认为是长尾蜂鸟的亚种。另外有两种中文名为红嘴长尾蜂鸟和黑嘴长尾蜂鸟的种并非这个属的成员，即不是作者所说的 sylph。

爱情一度被认为是科学无法涉足的领域，但最近的技术进步为神经生物学家打开了一扇窗，可以透过这扇窗观看人类的爱情。使用功能磁共振成像扫描技术，当一个人说他或她正在体验某种感情时，研究者们真的能够看到其大脑的内部活动。当扫描仓中的人看到他或她挚爱的人的照片时，他或她的大脑中一些特定的部分就会被"点亮"。这些部分是血流增加的区域，因此也是大脑活动增加的区域，位于大脑皮层和亚皮层区域——两者全称为"情绪脑"。值得注意的是，它们同样也是人们所知的大脑的"奖励系统"所在。当看着一张非常喜欢的伴侣或爱人的照片时，大脑的下丘脑区域会释放出一类被统称为神经激素的物质，通过建立神经系统和内分泌系统之间的联系，刺激奖励中枢。[26] 因此这些激素在情感关系的形成中扮演着至关重要的角色。当人们陷入爱河时还有另外一些反应：另一种激素——血清素（也被称为5-羟色胺）会降至与被强迫性精神障碍折磨的人相似的水平，这大概解释了为什么恋爱中的人有时候会变得思维简单并有些偏执。另外两种激素——催产素和后叶加压素同样由下丘脑产生（尤其是在性高潮时会产生这两种激素），这两种激素在恋爱中水平会上升，似乎在情感联结中也扮演非常重要的角色。

这些反应最早不是发现于鸟类，而是哺乳动物橙腹田鼠中。这是一种为数不多的保持长期的一夫一妻伴侣关系并且雄性参与照料后代的哺乳动物。在交配过程中，橙腹田鼠的大脑中分泌出催产素和后叶加压素，促进和加强配偶间的纽带：雌性分泌催产素，雄性分泌后叶加压素。然而，如果这两种化学物质的分泌被实验性地阻碍，这种田鼠就无法建立配偶间的关系。相反，即使没有交配，只需要注射这两种化学物

鸟的感官

质，也会导致关系的建立。更值得注意的是，当研究人员将一个刺激后叶加压素分泌的基因转入到一个不同的、非单配制的田鼠物种——草原田鼠——的雄性中，这些雄性也明显地表现出与一只雌性建立配偶关系的趋势，这说明这种关系纽带依靠一个特别的基因。开展这项实验的研究者们特别希望强调这项研究仍然处于十分初始的阶段，我们将其用来推断其他物种时应该很小心，但他们得出的结果的确显示了一种将配偶间纽带行为和大脑中奖励系统相联系的机制。[27]

我们不知道鸟类中是否也有相似的机制。最近有两个研究小组在做这项研究，并且都使用了单配制的斑胸草雀作为他们的研究对象。尽管他们已经在大脑适当的部位中检测到神经激素的活动，但目前还不清楚橙腹田鼠大脑中发生的过程是否也同样发生在斑胸草雀的大脑中。这项研究正在进行，所以我们很快就会知道结果。[28]

奖励系统是我们人类所做一切事情围绕的中心。它维持着我们的运转：我们吃东西的原因、我们做爱的原因和我们中的一些人会观鸟的原因。但是，（大部分的）人类能够体验到的最大的愉悦是和爱与性相关的情感体验。爱包括浪漫的爱情和父母的爱，这两种形式的爱都涉及"依恋"或者维系纽带：无论是在伴侣之间还是父母与子女之间。当然，浪漫的爱情通常会导致生理的欲望和性欲。提出爱情的适应性解释顺理成章：一对配偶协力合作抚养后代比其他繁育系统更加有效和成功——至少在一定的环境条件下是这样。[29]

鸟类也是以单配制而著称，在动物界中它们是比较特别的类群，大多成对繁殖——一雄一雌协力共同抚养后代。在 20 世纪 60 年代开展的一项调查中，戴维·拉克估计已知的 10,000 种鸟中，超过 90% 的种类以这种方式繁殖。其余的种类要么是多配制（一种繁殖婚配系统，包括一雄多雌制和较罕见的一雌多雄制），要么是雌性和雄性之间没有任何婚配纽带的混交制 [i]。后来，单配制在鸟类中几乎是普遍存在的观点得到修正，因为分子层面的亲子鉴定研究显示，婚外交配生子十分普遍。尽管拉克所认为的大部分鸟单配成对繁殖的观点是对的，但这种单配制并不意味着一种专一的性关系。婚外交配和婚外后代很普遍，鸟类学家现在将不同情况做出区分，分别称为社会性单配制（只是成对繁殖）和性单配制。后者是一种专一的婚配关系，没有不忠的情况，以疣鼻天鹅等较少数种类的鸟为代表。[30]

我不会去猜测鸟类的不忠行为中所涉及的情感。但是，与婚配关系纽带相关的情感是值得去思考的，尤其是长寿的种类中持久关系的纽带以及像白翅澳鸦、蜂虎和北长尾山雀这样的合作繁殖群内不同成员的关系纽带。这里所有的例子中，其关系纽带都可能来自于情感层面。问题在于，至少到现在我们还没有办法明白地证明这样一种效应。[31]

这种效应大概是这样运作的。就我们所知，鸟类有一些行为和社会性关系——无论是伴侣之间还是合作繁殖的种类的群内成员之间——是紧密相关的。这些行为包括问候仪式、某些鸣叫展示行为以及我们已经讲过的相互理羽。

我们不知道加拿大北部雷索卢特那只伴侣被射杀的雁是否因失去配偶而感受到什么情绪上的反应。雁通常是长寿的鸟，伴侣之间维持长期的关系，并且有牢固的家庭纽带——幼鸟会跟父母生活在一起数月，

---

i—— 译者注：一只以上的雄性和雌性相互交配，雄鸟和雌鸟都有可能承担育幼的职责。

鸟的感官

甚至整个家庭一起迁徙。当配偶暂时分开之后，在重聚的时候它们通常会表演一种问候礼或"仪式"。这样的仪式在长寿鸟类中普遍存在，尤其是像企鹅、鲣鸟和海鸦这样的鸟在冬季分离之后重聚时的问候仪式会特别久。在整个繁殖季中，即使只是短暂的分别，比如一只鸟去觅食，回来之后，配偶之间也会相互问候。很显著的是，这种问候礼持续的时间和强度与配偶之间分离的时间长度有密切的关系。[32]

布赖恩·纳尔逊整个职业生涯中都在研究鲣鸟，他将北鲣鸟的问候仪式描述为"鸟类世界中最出色的演出"。如果你去看过某个鲣鸟栖息地，比如苏格兰的贝斯岩，就很容易看到这种演出。当一对配偶中的一只返回到巢中，两只鸟会胸对胸挺立，展开翅膀，喙指向天空。在狂热的兴奋中，它们将喙碰在一起，间歇性地将头垂至配偶的脖子后面，整个过程中都在发出粗哑的叫声。

在通常情况下，这种问候礼会持续一两分钟，但是在英格兰北部的本普顿崖研究鲣鸟的莎拉·万利斯曾观察到问候礼持续特别长的情况。在一个她定期会去查看的巢中，雌鸟失踪了，留下雄鸟独自照顾年幼的雏鸟，尽管困难重重，但雄鸟还是坚持了下来。在漫长的 5 个星期后的一个晚上，那只失踪的雌鸟回来了，莎拉很幸运，她当时正在那里，并且目睹了整个过程。让她很惊讶的是，这两只鸟的问候仪式整整持续了17 分钟！对于人类来说，分开越久的人，在重聚时的问候仪式（亲吻、拥抱等）也越隆重，因此我们会愿意认为鸟类在重聚时也会体验到类似的愉悦的情绪。[33]

很多种类的鸟，比如红腹灰雀，在茂密植被中觅食时会用一种频繁而细碎的联络叫声来保持配偶之间的联系。对于其他一些鸟，包括非洲的伯劳、歌鸲、一些热带种类的鹟莺，配偶之间会表演一种对唱——这是一种交替的二重唱，婉转协调，听起来就像是一只鸟的鸣唱。这种二重唱的功能尚不明确，但大概是为了保卫领地。[34] 黑背钟鹊的"颂歌"（carolling）鸣唱行为是所有这类鸣叫行为中最出色的一种，它们和白翅澳鸦类似，是一种合作繁殖者。它们的这种颂歌鸣唱由整个钟鹊群体——大概 6 至 8 只鸟——共同参与，它们站在地上，通常是在一簇灌丛或一根围栏附近，然后共同唱出它们那令人难忘的富有旋律的歌声。（澳大利亚电视剧《家有芳邻》的爱好者们可能会对此比较熟悉，因为这种叫声经常出现在其背景声音中。）研究钟鹊"颂歌"的埃莉·布朗说："这种合唱，类似圣诞颂歌或情歌，是由所有'歌手'鸣唱的旋律组合而成的。"关于其功能，埃莉喜欢把它比作人类的战歌，是为了建立和加强群体的凝聚力，这对保持和守护它们的领地是必要的。[35]

　　大部分的合作繁殖者，包括许多海鸟和斑胸草雀这样的小型雀形目鸟类，都会花费大量时间来相互理羽。在灵长类中，相应的行为是相互理毛，人们已经知道这种行为会导致内啡肽的释放，而这会让被理毛的个体表现得很放松——大概是由于一种愉悦的感觉。[36] 当艾琳·佩珀伯格给她所研究的驯养的非洲灰鹦鹉挠痒或理羽时，它们也会进入类似的"放松"状态：眼睛半闭，身体的姿势也放松。如果她停止了，它们会请求继续"挠痒"。但如果她不小心碰到一根正在生长的新生羽毛——这种羽毛很敏感——它们会威胁性地咬她一下，然后再次放松，再次要求"挠痒"。法国心理学家米歇尔·卡巴纳克教他驯养的鹦鹉说话，那只鹦鹉使用"*bon*"（法语中意为"好的"）这个词来回应让它感到愉悦的事，包括被理羽或挠痒，尽管卡巴纳克没有训练它这样做过。[37]

鸟的感官

要想更好地了解鸟类可能会体验到哪些感受，最好寄希望于谨慎的行为学研究与生理学研究的结合，前者比如观察被断喙的鸡使用它们的喙的情况，后者比如测量鸟类可能处在如问候礼、相互理羽和与伴侣分离这样的情绪状态下的反应。生理学的指标包括心跳速率、呼吸速率、鸟类大脑释放的激素和通过扫描技术获得的鸟类大脑活动变化的视觉化图像。而这些指标都不容易获得，目前也没有办法在自由生活的鸟身上做这些研究。但我可以想象，在不久的将来，至少这些反应中的一部分是可能在野生鸟类身上进行测量的。基于我已经讲述过的科学研究，我希望由你们自己决定是否认为鸟类能够体验到情感。我的印象是它们确实能够，但正如托马斯·内格尔询问作为蝙蝠是什么感觉一样，我们可能永远不知道鸟类是否能够以和我们同样的方式体验感情。

后　记

　　在这本书里，我分门别类地讨论了鸟类的感官。用这样的方式是为了简便和清晰，但实际上对感官的使用当然是混合的。心理学家已经证明了我们是同时地，并且经常是下意识地使用并处理来自多个不同感官的信息。举例来说，当我们第一次见到某些人，我们的第一信息来源是视觉，但在几乎没有察觉的情况下，我们也会评估他们的气味、声音如何，并且，如果我们和他们拥抱或者握手，也会评估他们感觉起来如何（我很讨厌软弱的握手）。所以可以说，鸟类也一定会综合来自不同感官的信息，因为这样会给它们提供更多的信息，进而可能影响它们的生存。

　　有时候，对于研究者来说，很难断定鸟在使用哪些感官来评估它们所处的环境。一只鸫、乌鸫或旅鸫在郊区草坪上寻找蚯蚓，这是很常见的一幕。这只鸟向前跳跃，停下，将头歪向一边等待——它是在看还是在听呢？然后，它很快地一啄，从地上啄出一只蚯蚓。在 20 世纪 60 年代，美国鸟类学家弗兰克·赫普纳研究了旅鸫用什么感官来捕食猎物的问题。他发现，如果他向正在搜寻蠕虫的笼养旅鸫播放"白噪声"，这对它们搜寻食物的成功率完全没有造成差别。他推断旅鸫是通过视觉来捕食的，当一只鸟把头歪向一边时，它是在看，是在用一只眼睛去审视地面，寻找蚯蚓的踪迹，而不是在听。[1]

　　30 年之后，鲍勃·蒙哥马利和帕特·韦瑟黑德重新研究了这个问题，并且得出相当不一样的结论。他们同意，歪着头的姿势的确是鸟在看，并且鸟的头部歪的角度恰好使地面的画面直接投射到鸟类的视凹上。但当他们移除所有的视觉线索，包括地面上的洞或者蚯蚓粪，这些鸟依然能够找到猎物。通过排除法，蒙哥马利和韦瑟黑德发现旅鸫可以通过**听**蚯蚓来找到食物。如果你把耳朵贴近一条蚯蚓的地道，有时你会听到蚯蚓微小的刚毛摩擦侧壁发出的沙沙声。

　　他们还在赫普纳的实验中发现了瑕疵，因为在他的实验中，那些鸟实际上能够看到洞里的蚯蚓，所以在这种情况下很难确定那些鸟是如何发现"隐形"的猎物的。蒙哥马利和韦瑟黑德的研究得出的关键信息十分重要：尽管我们对某一特定行为的解释表明，鸟类在使用某一种特定的感官，但到底是哪一种感官，还是需要谨慎的实验来完全确定。[2]毫无疑问，在实验室外，旅鸫在捕食时，既用到视觉，**也**会用到听觉。它们可能也会用到嗅觉，或许它们甚至会通过腿和脚的触觉感应侦测到蚯蚓在泥土中的活动。

　　比旅鸫侦测蚯蚓的能力更奇妙的是，在干旱地区的水鸟能够感觉到数百公里之外的降雨。在纳米比亚的埃托沙盐沼或博茨瓦纳的马卡迪卡迪盐沼，数千只大红鹳和小红鹳（两者均俗称为火烈鸟）会在降雨后的几小时内突然出现。在这些干旱地区，雨水非常不稳定，但一旦下雨，这些浅沼会迅速涨满水。那些火烈鸟在海岸过冬，它们无法直接感受到雨水，但却不知为何，它们能够知晓降雨的到来，并且做出反应，飞往内陆。它们不仅能够侦测到远处的降雨，并且似乎能够知晓**降水量**：只有在降雨能够满足它们繁殖的需求时，它们才会放弃在海岸的越冬地。这些火烈鸟能够感受到远处雷电的振动吗？也许吧，但是常常即使没有雷电，它们也会对远处的雨做出反应。抑或是它们看到了塔状积雨云？这在很远的地面上就能看到，并且可以进一步从空中看到。又或者它们感受到了大气压的变化？[3]

到目前为止，还没有人知道火烈鸟和其他鸟类使用什么感官侦测到远距离的降雨。斯蒂芬·杰·古尔德在《火烈鸟的微笑》(*The Flamingo's Smile*) 一书中赞美了火烈鸟的进食方式：它们的头上上下下，从水中滤食微小的猎物。古尔德认为，火烈鸟的神秘微笑是它们的喙（形态）上下颠倒的结果。[i] 但我更愿意认为是因为我们对它们察觉远距离降雨的神奇能力感到迷惑，它们为此被逗得发笑。[4]

我们自己的感官也是混合使用的，最明显的例子是关于味觉的。如果你捏住鼻子（这样你就暂时失去嗅觉了），然后咬一个（剥了皮的）洋葱，你会尝不出洋葱的味道。松开鼻子，洋葱的味道立即变得明显了。心理学家认为，80% 的味道是通过我们的嗅觉"品尝"出来的。味觉和视觉也同样紧密相关联，对大脑的扫描能显示出，只是看着食物，就能点亮大脑的味觉区域。类似的交互作用是否也出现在鸟类的大脑中呢？这

---

i —— 译者注：古尔德将詹姆斯·奥杜邦的著名绘画作品火烈鸟画像上下颠倒，并去掉了脚，得到一只"喜笑颜开"的长颈"天鹅"，他称之为"神秘的微笑"。

样的实验更难以去实行，但当然，我们非常有兴趣去了解这一点。

人类感觉系统的另一个有名的特点是"代偿性增强"（或者，更技术地说，跨模块可塑性）——如果某一感官受损或丧失，其他特定的感官会增强。对此，有两个解释。第一个是，比方说，假如没有看的能力，人会将更多的注意力放在声音和其他感官输入的信息上。另外一个是，一种感觉被去除了，大脑自身会重新部署以增强其他感觉。这两种解释看起来都是对的。大脑能够在这一情况下重新自我部署，是感官信息可以综合的有力例证。我怀疑，是否我们那只盲眼的斑胸草雀比利辨认脚步声的能力也是这种代偿性的例子，还是说视觉正常的斑胸草雀也具有同样的能力。这是相对容易去验证的，但是在我想到这一点时，比利已经去世了。

代偿性增强令人印象最深刻的例子之一，是盲人能够依靠回声定位的能力。失去视力的人常常能够学会通过听由家具反射的声音在家中寻找方位并行动——这一现象被称为"**被动**回声定位"，因为它不需要盲人主动发出声音。在我写这本书的时候，我想到了被动回声定位，并且注意到我也对回声敏感。事实上我发现（不是特别有用），当我打开办公室一扇特别响的门时，我不用看就能知道是否有人在那里。当我发现这种能力，每次去那个房间时，我都会在打开门的时候尝试预测是否我是对的：我的成功率大概有85%。更加令人惊奇的是，一些盲人能够使用"**主动**回声定位"来骑山地自行车。在骑车的时候，他们大约每秒钟打两次响舌，然后利用他们听到的回声，一路骑着车而避开障碍物！[5] 我之前描写过油鸥和穴金丝燕在黑暗的洞穴中主动的回声定位，但我想知道其他穴居或者夜行性的鸟是否能够使用被动回声定位。

人类自身的感觉系统仅仅能够为我们理解鸟类如何感受世界提供一个开端，但随着我们认识到它们拥有我们所没有的感官，随着不再假定它们和我们共有的感觉是完全相同的，我们开始更多地了解它们的世界。

通过视觉辨识不同的个体是一个很好的例子。我们特别善于辨识不同的面孔：如果是我们从前见过的面孔，我们瞬间就能认出来，并且我们有特别强的能力去识别我们认识的人。在"视觉"一章中，我叙述了一个关于海鸦的故事，这让我认识到它们仅仅通过视觉，就能够认出数百米外飞行的父母。这看起来很令人吃惊，不是因为崖海鸦的眼睛和我们的不同，而是对于人类的眼睛来说，即使在近距离平视的范围去看，大部分的海鸦看起来也完全没有区别。虽然我说的这个例子仅仅是一个故事，但许多其他的观察表明，崖海鸦以及很多其他鸟类都非常善于辨识个体，我的例子与这一点完全符合。鸟类辨识其他个体所采用的最明显及最为人所确认的方式是通过它们的声音。我们对此的了解是应用听觉所做的巧妙测试：通过被称为"回放实验"的方式，即（在排除了所有其他线索的条件下）向鸟播放它们鸣叫和鸣唱的录音，来看它们如何反应。数以百计的这类实验明确地显示出，对于鸟来说，它们的声音和听觉是相互识别的重要方式。

搞清楚鸟类是否还采用其他感官来识别个体更加困难，但是，依然有零散证据表明它们确实是如此。举例来说，鸡的啄序 [i] 依赖于鸟类

---

i —— 译者注：在鸡群中，社会等级高的有进食优先权，若有地位较低的违反此原则，将会被啄从而得到警告，这被称为啄序。啄序最早由挪威动物学家埃贝发现并命名，现被用来指群居动物通过争斗取得社群地位的阶层化及等级区分的现象。

鸟的感官

利用视觉相互识别的能力。我和我的同事汤姆·皮扎里及查理·康沃利斯无意中以一种出人意料的方式证明了这一点。我们所开展的实验是为了搞清小公鸡在和母鸡交配中释放了多少精子。如果我们在大约一个小时的时间里，每几分钟就把同一只母鸡交给一只小公鸡，精子的数量不出所料地随每一次的交配依次递减。但是，如果我们在实验中途更换了母鸡，公鸡释放的精子数量飙升。因为在每次交配前，小公鸡好像都会去看母鸡，所以视觉识别似乎是最有可能的解释。已知也有其他鸟类能够通过视觉识别同类的其他个体。翻石鹬的头部和上身拥有黑白色羽毛形成的花纹，并且个体之间明显不同。通过制作模型，绘上花纹来模拟特定个体，菲利普·惠特菲尔德确认了视觉线索对于它们的个体识别来说是至关重要的。在实验室更复杂的实验中，鸽子也能够认出它们观看的视频中的其他鸽子。[6]

根据其他的一些观察和实验，鸟类通过视觉——有时候甚至是在一定距离外——识别特定个体的这种能力甚至更令人难忘。银鸥的幼鸟会被剪切成成年银鸥头部形状的二维纸板所欺骗并对其做出反应，牛文鸟会愿意和一个由金属丝框架加上翅膀做成的雌鸟模型交配，小鸭子会对人（或靴子）产生印痕，表现出仿佛人（或靴子）是它的母亲的行为：这些都显示在鸟类和我们人类间，感知能力存在一些根本性的不同。然而，稍微反思一下，我们就会发现不能轻易下此结论。只要稍微有一点想象力，我们就可以想到，人类也有和这三个例子中的鸟类类似的情况。我们的感官系统欺骗我们的能力也非同寻常：我们会被全息图愚弄，会被视错觉——比如内克尔立方体、潘洛斯三角或者埃舍尔的无尽楼梯——迷惑，并且由于我们大脑运作的固定模式，无法客观地去看一张上下颠倒的面孔。通过研究为什么这些把戏会愚弄我们的感觉，已经让我们对我们感觉系统的运作机制有了很多了解。同样的方法也许会使我们更深入地了解鸟类感受世界的方式——据我所知，还没有人使用这一方法，但我猜测很快会有。[7]

　　一位心理学家最近评论说，现在，也就是 21 世纪初，是研究人类感觉的黄金年代。[8] 我想研究鸟类感觉的黄金年代还未到来。我已经尽量总结了到目前为止，我们对于鸟类的感觉了解了多少，还有哪些不了解。我们对人类感觉系统的了解在飞速地进步，并且按照历史的经验——我认为是如此——我们对人类感官的探索必将促使我们对鸟类开展类似的研究。历史也同样清楚地表明，我们对鸟类（及其他动物）的研究，包括对它们大脑的季节性再造或者是内耳毛细胞再生的研究，已经对我们人类产生了巨大的影响。目前，我们至少对鸟类的一些感觉已经有了良好的基本了解，但最好的还没有到来。

鸟的感官

注 释

前言

1. 某些盲人能够在室内使用回声定位来导向，并且如后记中提到的，一些盲人还能够通过发出双响舌音并接收回声在户外进行回声定位（Griffin, 1958; Rosenblum, 2010）。

2. 尽管据说古代中国人使用镜片和一管水（可能是石英管）制作了低倍的"显微镜"，但显微镜的发明通常归功于 16 世纪末到 17 世纪的荷兰眼镜匠汉斯·詹森和查卡里亚斯·詹森父子。功能磁共振成像（fMRI）见 Voss et al.（2007）。

3. 来自泰德·休斯（Ted Hughes）的一首诗《雨燕》（*Swifts*）。

4. Corfield et al.（2008）.

5. Tinbergen（1963）；Krebs and Davies（1997）.

6. Forstmeier and Birkhead（2004）.

7. Swaddle et al.（2008）.

8. Eaton and Lanyon（2003）.

9. Hill and McGraw（2006）.

视觉

1.（根据《牛津英语词典》）伯劳的英文名"Shrike"意为尖叫（shriek），大概是源于驯隼人听到的这种鸟看见隼时发出的凄厉叫声。林奈将其（灰伯劳）命名为 *Lanius excubitor*，拉丁语 Lanius 意为屠夫，因此伯劳也叫"屠夫鸟"，excubitor 意为"哨兵"。一些人相信，"哨兵"是指在驯隼人那里伯劳的用途，但另一些人认为，"哨兵"是指伯劳在捕食时站在视角开阔的地方的习性。Schlegel and Wulverhorst（1844~1853）.转引自 Harting（1883）。

2. Harting（1883）.

3. Harting（1883）.

4. Wood and Fyfe（1943）；Montgomerie and Birkhead（2009）；Wood（1931）.凯西·伍德（Casey Wood）是与鸟类眼睛研究先驱之一 J. R.斯洛纳克（J. R. Slonaker）的合作者。

5. Walls（1942）.

6. Wood（1917）：呆头伯劳与灰伯劳亲缘关系非常接近。

7. Ings（2007）；Nilsson and Pelger（1994）.

8. Rochon-Duvigneaud（1943）；Buffon（1770，vol.1）."鸟类的视觉优于人类"这样的说法过于简单了，一方面因为不同种类的鸟的视力不尽相同，另一方面因为视觉是多方面的，一些鸟拥有很好的视觉锐度，而另一些拥有很好的视觉感光度。

9. Rennie（1835：8）.

10. Fox et al.（1976）.

11. 一种可能是，鸟类天生拥有相当于人类具有的面部识别系统的能力（见 Rosenblum, 2010），对于我们来说，所有的崖海鸦看起来都一样，但对于一只崖海鸦来说，每一只同类看起来都彼此不同。另一种可能是，像我们一样，鸟类能够根据行为模式来识别彼此。

12. 哈维的书已经由惠特里奇翻译。Whitteridge（1981：107）.

13. Howland et al.（2004）；Burton（2008）.

14. Wood and Fyfe（1943：600）.

15. Walls（1942）.现在已经清楚，几维鸟几乎丧失了视觉，但换来了其他感觉的加强（见第二、三、五章）。

16. Derham（1713）.

17. Woodson（1961）.

18. Martin（1990）.

19. Newton（1896：229）.

20. Wood and Fyfe（1943：60）.

21. Perrault（1680）.

22. Ray（1678）.

23. Perrault（1676）.插图与文字引自 Cole（1944）。

24. Newton（1896）；Wood（1917）.

25. Soemmerring——引自 Slonakr（1897）。

26. 也叫作普通视凹（Temporal fovea）和侧视凹（Lateral fovea）。

27. Snyder and Miller（1978）.

28. 参见 Tucker（2000）和 Tucker et el.（2000）。尚不清楚双眼视力是

否会让鸟类产生深度知觉（立体视觉）（Martin and Orsorio，2008）。

29. Martin and Osorio（2008）.

30. Gilliard（1962）.注意，这里提到的实际上是圭亚那冠伞鸟。

31. Andersson（1994）.

32. Cuthill（2006）.

33. Ballentine and Hill（2003）.

34. Martin（1990）.

35. Martin（1990）.

36. Nottebohm（1977）；Rogers（2008）.

37. 莫尔（More, 1653）提到鹦鹉主要是"左利手"；另见 Harris（1969）和 Rogers（2004）。汤森（Townson，1799，引自 Knox[1983]）最早提到交嘴雀的利手性，表现在它们相互交叉的喙上，这种喙的形状适于它们从松果中拔出种子的习性。红交嘴雀中，大约一半的个体是"偏左喙"的，它们的下喙从左侧偏向上方，剩下的个体是"偏右喙"的。如诺克斯所说："因为这种鸟抓松果的方式，是由与下颌（下喙）的偏向相反的爪主要发力来抓住松果的；因此偏左喙的鸟是'右利手'。'右利手'的个体右腿更长，并且头骨左侧的颚肌更强壮，所以它们的不对称是很显著的。喙交叉的方向在雏鸟时就决定了，这个时候喙还没有长到交叉的程度。对于造成交叉方向的原因及其造成的认知结果还不清楚。夏威夷的红管舌雀同样拥有（不明显的）交叉的喙，并且表现出利手性。"（Knox，1983）。

38. Rogers（2008）.

39. Lesley Rogers，私人通信。

40. Rogers（1982）.

41. Rogers（2008）；另参见 Tucker et al.（2000）。

42. Weir et al.（2004）；另参见 Rogers et al.（2004）。

43. Rogers（1982）.

44. Rattenborg et al.（1999，2000）.值得注意的是，从科学的严谨性来说，要想知道一只鸟是否真的睡着了，需要对其大脑功能进行考察，因为睡眠是由特殊的脑电活动模式定义的。仅从一只鸟是否闭眼无法知道它是否在睡觉。

45. Rattenborg et al.（1999，2000）.

46. Lack（1956）；Rattenborg et al.（2000）.

47. Stetson et al.（2007）.实际上，昆虫从它们接收到的影像流中只提取它们需要的相关信息，由此来做到这一点。有可能鸟类也使用类似的方式。

听觉

1. Newton（1896:178）.

2. Bray and Thurlow（1942）；Dooling（2000）.

3. 鲍德纳（Baldner, 1666；参见 Baldner, 1973 年临摹本）的莱茵河鸟类插图记录启发了威洛比和雷（Ray, 1678）。鲍德纳认为大麻鳽主要是雌鸟发出嗡鸣，这是错误的，但他说对了一点，即这种鸟在嗡鸣时头会高高仰起。其他一些人认为大麻鳽是通过吹一根芦苇来制造这种声音的。丹尼尔·笛福在其游历不列颠的旅程中，写到关于"大沼泽地"（The Fen Country）时评论道："我们听到大麻鳽粗野的叫声，这种鸟在过去被认为预示着不祥，并且根据传说（但我认为没人真的知道）它们会把喙插入一根芦苇，然后发出沉闷且沉重的低吟或叫声，好似一种悲叹，那声音如此之大，又如此深沉，好像是远处的枪声，听起来就像是在两三英里之外，（人们说）但也许并没有那么远。"（Defoe，1724~1727）。南美洲的钟伞鸟也能发出一种特别大的鸣叫声。

厄尔（ell）——字面意思是前臂的长度——是过去裁缝采用的一个测量单位。但是，在德国的不同地区 1 厄尔也是不同的。前臂长大约是 40 厘米，所以鲍德纳的 5 厄尔大概是 200 厘米——这不太可能是大麻鳽食道的长度，但如果他指的是整个内脏的长度，则是有可能的。鲍德纳在笔记中曾经说过，1 斯特拉斯堡厄尔是 "2 足长，但 1 足比英国足（英尺）稍短"，这使得 "5 厄尔到底多长" 的问题更加混乱。

4. Best（2005）.

5. Henry（1903）.

6. Merton et al.（1984）.

7. Brumm（2009）.

8. Cole（1944: 433）.

9. Pumphrey（1948: 194）.

10. Thorpe（1961）；Marler and Slabbekoorn（2004）.

11. 有趣的是，在现今的语境下，耳廓的英文 "pinna" 也意为羽片，不过这个词是如何联系到哺乳动物的耳的还不清楚。

12. 一个有趣的例外是丘鹬，这类鸟的耳孔位置低于眼睛，并且在眼睛之前，这大概是因为它们巨大的眼睛占据了很多空间，所以这里是唯一可能的开口位置。

13. 鸟类的耳羽外观通常富有光泽，因为这些羽毛缺乏正常的羽小枝，正常的羽小枝上拥有许多微小的钩状结构（羽小钩），相邻的羽小枝借助这些羽小钩相互钩结。

14. Sade et al.（2008）.

15. http://www.nzetc.org/tm/scholarly/tei- Bio23Tuat01-t1-body-d4.html.

16. 与我的猜测类似，科尔（Cole）批评了西罗尼姆斯·法布里休斯（Hieronymus Fabricius）在17世纪对耳朵的记录的局限性："他（法布里休斯）没有想到，耳廓可能是出现在哺乳动物身上的新结构特征。因此研究一些哺乳动物耳廓的消失是合理的，但没有理由去尝试解释鸟类、爬行类和鱼类缺少耳廓的原因，因为这一结构在这些动物身上从来就没存在过。"Cole（1944：111）.

17. Saunders et al.（2000），由 Marler and Slabbekoorn（2004: 207）引用。

18. Bob Dooling，私人通信。

19. Pumphrey（1948）.

20. Walsh et al.（2009）.

21. White（1789）.

22. Dooling et al.（2000）.

23. Lucas（2007）.

24. Hultcrantz et al.（2006）；Collins（2000）.

25. Dooling et al.（2000）.

26. Marler（1959）.

27. Tryon（1943）.

28. Mikkola（1983）.

29. Konishi（1973）.面盘可以增强大约10分贝的声音收集能力。

30. Pumphrey（1948）；Payne（1971）；Konishi（1973）.

31. Konishi（1973）.

32. Konishi（1973）.

33. Hulse et al.（1997）.

34. Morton（1975）.

35. Handford and Nottebohm（1976）.

36. Hunter and Krebs（1979）.

37. Slabbekoorn and Peet（2003）；Brumm（2004）；Mockford and Marshall（2009）.

38. Naguib（1995）.

39. Ansley（1954）.

40. Vallet et al.（1997）；Draganuoi et al.（2002）.

41. Dijkgraaf（1960）.

42. Griffin（1958）.

43. Galambos（1942）.

44. 一些种类的蝙蝠能够听到更高频率的声音：小巧的非洲三叉蝠（*Cloeotis percivali*）体重只有4克，能够听到200千赫的声音。（Fenton and Bell, 1981）.

45. Griffin（1976）.

鸟的感官

46. Humboldt，转引自 Griffin（1958：279）.

47. Griffin（1958）.

48. Griffin（1958：289）；另见 Konishi and Knudsen（1979）——格里芬
（Griffin）这里肯定搞错了：其频率大概是 2 千赫。

49. Griffin（1958）.

50. Konishi and Knudsen（1979）.

51. Griffin（1958: 291）.

52. Ripley，转引自 Griffin（1958）.

53. Novick（1959）.

54. Pumphrey，转引自 Thomson（1964：358）.

触觉

1. 比利可能是听到了我女儿的脚步声，但也有可能是感觉到了脚步声。
鸟类的爪和腿上有特别的振动感受器（Schwartzkopff, 1949），这使得
鸟类能够感觉到树枝的颤动，甚至预测地震。

2. 我们的触觉最敏感的区域是指尖、嘴唇以及稍微差一些的外生殖器。

3. 关于小型鸟类喙中的触觉感受器的文献很少，但赫尔曼·伯克胡特
（Herman Barkhoudt, 私人通信）告诉我，他检查过斑胸草雀的喙，
发现其中有许多触觉感受器包括（不用特别在意这些名称）默克尔
氏细胞感受器（Merkel cell receptor, 一种触觉细胞，并具有神经内
分泌功能）、双柱默克尔氏细胞感受器（double-column Merkel cell
receptors）以及许多海氏小体，这都表明它们的喙尖非常敏感。

4. 古戎（Goujon, 1869）把这些感受器叫作帕氏小体（Pacinian

corpuscle，又称环层小体 Lamellar corpuscle，一种分布广泛的感受器），它们最早由亚伯拉罕·法特（Abraham Vater，德国解剖学家）于 18 世纪 40 年代发现，但被人误认为是菲利波·帕齐尼（Pilippo Pacini，意大利解剖学家）于 1831 年发现，并且被以帕齐尼的名字命名。

5. Berkhoudt（1980）.

6. Goujon（1869）.

7. Berkhoudt（1980）.

8. 这一引述源自线虫研究的开创者内森·科布（Nathan Cobb）。

9. Berkhoudt（1980）.

10. 似乎皇家学会已经丢失了克莱顿的插图；尼古拉·考特为我找过，但是没有找到。威廉·佩利（*Natural Theology*，1802，128~129 页）后来使用了克莱顿的资料作为上帝的智慧的证明，但用的是他自己的插图。佩利抄袭了约翰·雷的《上帝的智慧》（*Wisdom of God*，1691）和威廉·德厄姆的《自然神学》（*Physico-Theology*，1713）：德厄姆已经引用了克莱顿的记述并且可能看过他绘制的鸭子喙中神经的插图。

11. Berkhoudt（1980）.

12. H.Berkhoudt，私人通信。

13. Krulis（1978）；Wild（1990）.

14. H. Berkhoudt，私人通信。"触觉"是一个多方面的概念，反映了不同类型的感受器。最简单的是游离神经末梢，它们可以侦测到疼痛和温度变化；稍微更复杂的是默克尔氏触觉细胞（侦测压力）；接下来是格兰氏小体，这包括了2~4种触觉细胞，用于侦测运动（速度）；以及薄片状的海氏小体（类似于哺乳动物的帕氏小体），对加速度敏感。

15. Brooke（1985）. 哈里斯从没有见过崖海鸦相互理羽来清除蜱虫，甚至放上去的假蜱虫都没有诱发相互理羽的行为（M. P. Harris，私人通信）。

16. Radford（2008）.

17. Strowe et al.（2008）.

18. Senevirante and Jones（2008）.

19. Carvell and Simmons（1990）.

20. Thomson（1964）.

21. Pfeffer（1952）；Necker（1985）.感受器与毛羽相连，与鸟类皮肤中大量其他的触觉感受器一起，也对鸟类飞行中保持体羽平滑非常重要。实际上，鸟类皮肤中拥有比哺乳动物更多的触觉感受器；并且有飞行能力的鸟的皮肤中单位面积拥有的感受器比没有飞行能力的鸟的更多，这也说明了触觉感受器对飞行的重要性（Homberger and de Silva，2000）。

22. Senevirante and Jones（2010）.

23. 它们也能够通过嗅觉和味觉侦测到猎物（见第四、五章）；也见 Gerritsen et al.（1983）。

24. Piersma（1998）.

25. Parker（1891）；也见 Cunningham et al.（2010）和 Martin et al.（2007）.

26. Buller（1873：362，2nd edition）.

27. 包括黑腹滨鹬、西方滨鹬和姬滨鹬。Piersma et al.（1998）.

28. McCurrich（1930: 238）.

29. Coiter（1572）.

30. 托马斯·布朗爵士（Sir Thomas Browne），《诺福克鸟类》（*The Birds of Norfolk*，约 1662 年）——参见 Sayle（1927）。

31. 在威洛比和雷（Ray，1678）之后，多位解剖学家和博物学家解剖了啄木鸟，为其特别的舌头而着迷。这些人包括：Jacobaeus（1676），Perrault（1680），Borelli（1681），Mery（1709），Waller（1716）——科尔（Cole，1944）引用了这些人的发现。

32. Buffon（1780: vol.7）.

33. Villard and Cuisin（2004）.

34. Fitzpatrick et al.（2005）；Hill（2007）.其他证据包括从脱落的羽毛中提取的 DNA。

35. Wilson（1804–14：vol.2）.

36. Audubon（1831–9）.

37. Audubon（1831–9）.

38. Martin Lister，转引自 Ray（1678）；Drent（1975）.

39. Lea and Klandorf（2002）.

40. Drent（1975）；Jones（2008）；以及 D. Jones，私人通信。

41. Alvarez del Toro（1971）.

42. Friedmann（1955）.克莱尔·斯伯蒂斯伍德（Claire Spottiswoode）在她位于赞比亚的野外研究站点向我展示了响蜜䴕雏鸟杀死一窝蜂虎雏鸟的过程。

43. Jenner（1788）；Davies（2000）；White（1789）.

44. Davies（1992）.

45. Wilkinson and Birkhead（1995）.

46. Ekstrom et al.（2007）.

47. Burkhardt et al.（2008: vol.16[1]：199）.

48. Lesson（1831）；Sushkin（1927）；Bentz（1983）.

49. Winterbottom et al.（2001）.

50. Komisaruk et al.（2006, 2008）.

51. Edvardsson and Arnqvist（2000）.

味觉

1. 达尔文（Darwin, 1871）关于性选择的想法包括两个部分：雄性之间的竞争和雌性选择。达尔文认为，雌雄选择是造就雌鸟和雄鸟之间羽毛鲜艳程度差异的主要原因。而雄性之间的竞争，造成了体形和拥有"武器"的差异。不过，辛顿（Hington，1933）认为，鲜艳的颜色可能是为了威胁，因此，也是通过雄性之间的竞争演化而来的。贝克和帕克（Baker and Parker，1979）认为这个想法不合逻辑。

2. 达尔文的通信，引自 Burkhardt et al.（2008）.

3. Weir（1869，1870），见 Burkhardt et al.（2008:16[2]:1175）；Burkhardt et al.（2009:17:115–16）；C. Wikund，私人通信（2009）；Järvi et al.（1981）；Wiklund and Järvi（1982）。关于鸟类拥有味觉，有另外一个有趣的例子：古希腊作家修昔底德（Thucydides）记录了一次不寻常的腺鼠疫。根据修昔底德的记述，这次瘟疫和其他瘟疫不同，食用了

未埋葬的尸体的食腐鸟类也都死了，后来食腐鸟类避开了尸体。尽管这并不是一个很确凿的证据，但暗示了鸟类拥有嗅觉或者味觉，并且可能有快速学习的能力（J.Mynott，私人通信）。

4. Newton（1896）；del Hoyo et al.（1992: vol.1）。

5. Malpighi（1665）；Bellini（1665）；Witt et al.（1994）。

6. Rennie（1835）. 孟塔古（Montagu）是一位鸟类学家；约翰·弗里德里希·布卢门巴赫（Johann Friedrich Blumenbach）是一位德国人类学家和解剖学家，以对鸭嘴兽的解剖研究而闻名。Blumenbach（1805–English translation，1827，p. 260）。

7. Newton（1896）. 他的观点大概是受到伟大的德国解剖学家弗里德里希·默克尔（Friedrich Merkel）的影响而形成的，默克尔在1880年明确表示鸟类缺少味蕾。这非常奇怪，因为人们已经知道鱼类、两栖动物、爬行动物和哺乳动物都拥有味蕾。令人沮丧的是，牛顿没有给出这个观点的出处，所以尽管牛顿好像认识默克尔，但不清楚他是否读过默克尔的文章。

8. Moore and Elliot（1946）。

9. Berkhoudt（1980；1985）和 H. Berkhoudt，私人通信。

10. Botezat（1904）；Bath（1906）。

11. Berkhoudt（1985）。

12. Brooker et al.（2008）。

13. Rensch and Neunzig（1925）。

14. Hainsworth and Wolf（1976）；Mason and Clark（2000）；van Heezik et al.（1983）。

鸟的感官

15. Jordt and Julius（2002）；Birkhead（2003）.

16. Kare and Mason（1986）.

17. Beehler（1986）；Majnep and Bulmer（1977）.

18. J. Dumbacher，私人通信。

19. J. Dumbacher，私人通信。

20. Dumbacher et al.（1993）. 在以下网址有一段杰克·杜姆巴彻（Jack Dumbacher）谈论他的工作的视频：http://www.calacademy.org/science/heroes/jdumbacher/

21. Audubon（1831~1839）.

22. 埃斯卡兰特和戴利（Escalante and Daly, 1994）引用了一段 1540 年至 1585 年对前墨西哥哥伦比亚时代的动植物的记录，其中提到了一种不能吃的红色的鸟，描述似乎符合墨西哥红头虫莺。埃斯卡兰特和戴利从这种鸟的羽毛中提取出了生物碱。

23. Cott（1940）；另见 Anon（1987）。

24. Cott（1947）.

25. Cott（1945）.

26. 科特（Cott）对两个人特别赞扬："理查德·亨利·梅纳茨哈根上校（Col. R. Meinertzhagen DSO）和 B. 维西－菲茨杰拉德（Mr B. Vesey–Fitzgerald）……这两个人以最大的兴趣和针对性进行了很多原创性的观察，促进，这项研究。"天! 我想科特大概是被这两个人引入歧途的。后来人们清楚，梅纳茨哈根的一生就是一个谎言；最近一本传记将他描写成一个彻头彻尾的骗子。梅纳茨哈根是一个病态的自我炒作者，他所做、所说和所写的一切，都不过是用来支撑他自我塑造的形象（Garfield，2007）。布莱恩·维西 – 菲茨杰拉德也同样不完全值得信赖。他曾担任《户外》（*The Field*）杂志的编辑，也是非常高产的自然图书作者，作品包括 20 世纪 50 年代的儿童读物"瓢虫系列"中几本关于鸟类的书。1949 年，著名鸟类学家，尊敬的皮特·H. T. 哈特利（Hartley，1947）揭露维西 – 菲茨杰拉德是一个剽窃者。很明显，其他鸟类学家也不是很尊敬维西 – 菲茨杰拉德，有一个人在我面前将他说成"一个只会打猎钓鱼夸夸其谈的草包"。

嗅觉

1. 弗里德曼（Friedmann，1955）引用了若昂·多斯桑托斯的记录。

2. Audubon（1831–9）. 这里奥杜邦一定参考了理查德·欧文对红头美洲鹫的解剖。

3. Gurney（1922: 240）.

4. Audubon（1831–9）.

5. 事实上，查普曼（Chapman）对此有一些保留意见，因为他注意到对绿头鸭来说，人靠近的方向很重要。当然，其困难在于尽管这些猎人的发现和奥杜邦的相左，但他们也不能排除视觉和听觉的影响。埃利奥特·科兹是一名外科医生兼鸟类学家。

6. 这是 18 世纪后期研究者试图证明他们的结果的方法，但并不总是成功（Shickore，2007: 43）。

7. 这一辩论被发表在《劳顿杂志》（*Loudou's Magazine*）（Gurney，1922）上。沃特顿在圭亚那时，把自己的技能教给了他叔叔的一名奴隶约翰·爱德蒙斯顿，之后爱德蒙斯顿获得自由并从事动物标本的剥制，并且转而教导十几岁的查尔斯·达尔文剥制标本。

8. 通过对这两种鸟的嗅觉腔的解剖确认。Bang（1960, 1965, 1971）；Stager（1964, 1967）.

9. 阿魏酸酊，被称为魔鬼之粪，是从伞形花科植物正阿魏（*Ferula asafoetida*）中获得的一种有强烈气味的物质，以微量用于给辣酱油调味，也被猎人用作诱剂。阿魏酸酊还在治疗儿童疾病的偏方中被用于灌肠（Hill，1905）。

10. 啄奶酪鸟见 Gurney（1922）；杂色山雀见小山幸子（Koyama, 1999）；小山幸子，私人通信；"冲"是格尼的说法。

11. Tomalin（2008）：哈代在他的小说中用了真实的故事。

12. 这个故事可追溯到威尔特郡考古杂志（*Wiltshire Archaeological Magazine*），1873 年，卷 xviii，299 页，由 Gurney（1922）引用。

13. Gurney（1922：34）.

14. Owen（1837）.

15. Gurney（1922: 277），引用了几个解剖学研究。

16. Gurney（1922）.

17. Gurney（1922）作为证据。

18. 教科书的经典内容，比如皮埃尔 - 保罗·格拉斯（Pierre-Paul Grasse）的《动物学：鸟类》（*Traité de Zoology: Oiseaux*, 1950）和乔克·马歇尔（Jock Marshall）的《鸟类比较生理学》（*Comparative Physiology of Birds*, 1961）都一再重申否定的观点。甚至最近的巨著《世界鸟类手册》（*Handboook of Birds of the World*）中都写道：除了一小部分例外，大部分鸟的嗅觉都不好（del Hoyo et al., 1992）。

19. Taverner（1942）.

20. 鼻甲 conchae 的单数是 concha，但这些结构都是成对的，鼻子的两侧各一。

21. Van Buskirk and Nevitt（2007）；Jones and Roper（1997）.

22. Nevitt and Hagelin（2009）引用，根据班的女儿莫莉（Molly）的说法。

23. Wenzel（2007）.

24. 研究报告中提到了"108"种鸟，他们将原鸽（*Columba livia*）和野化家鸽（也是 *Columba livia*）算成不同的种，但其实是一种。

25. 严格地说，是嗅球的最长直径和同侧大脑半球最长直径之比。

26. Bang and Cobb（1968）.

27. Clark et al.（1993）；另见 Balthazart and Schoffeniels（1979）。最近的共识似乎是：拥有大嗅球表明拥有良好的嗅觉，但小的嗅球并不必然意味着相反。需要研究的还有很多。

28. Bang and Cobb（1968）.

29. Stager（1964）；Bang and Cobb（1968）. 现今，乙硫醇已经被加到民用天然气中用于检测泄漏。

30. 班和科布（Bang and Cobb, 1968）的研究是建立在布姆（Bumm, 1883）和特尔纳（Terner, 1891）的基础之上的。

31. S. Healy, 私人通信。

32. 在比较研究中处理异速生长的方法来自 Harvey and Pagel（1991）。

33. Verner and Willson（1966）；另见 Harvey and Pagel（1991）。

34. 在比较研究中处理系统发生效应的方法来自 Harvey and Pagel

鸟的感官

（1991）。

35. Healy and Guilford（1990）.

36. 希利和吉尔福德（Healy and Guilford，1990）总共使用了班和科布（Bang and Cobb，1968；Bang，1971）的 124 种鸟类的数据。

37. Corfield et al.（2008b）.

38. Corfield（2009）.

39. Steiger et al.（2008）. 使用的 9 种鸟包括：蓝山雀、黑胸鸦鹃、褐几维、金丝雀、粉红凤头鹦鹉、红原鸡、鸮鹦鹉、绿头鸭以及雪鹱。斯泰格尔等人也认为既拥有较大的嗅球区域，又拥有较多嗅觉基因的鸟或许拥有卓越的嗅觉，但反之并不一定。

40. Fisher（2002）.

41. Newton（1896）.

42. Owen（1879）.

43. Jackson（1999：326）.

44. Benham（1906）.

45. Wenzel（1965）.

46. Wenzel（1968, 1971）. 以今天的标准来看，仅从两只鸟获得的记录似乎是不够的，但那就是当时的生理学家的做法。

47. Wenzel（1971）.

48. Wenzel（1971）.

49. Aldrovandi（1599–1603）；Buffon（1770–83）.

50. Montagu（1813）.

51. Gurney（1922）.

52. Bang and Cobb（1968）.

53. Bang and Wenzel（1985）.

54. B. Wenzel，私人通信。

55. Loye Miller（1874–1970）.

56. 也许应该说那些是油漆渣泡沫？"撒饵"这一词原指在捕鱼时用饵料吸引鲨鱼和其他鱼类的做法，包括将切碎的饵料或鱼碎丢进海里。

57. Wisby and Halser（1954）.

58. Jouventin and Weimerskirch（1990）.

59. Grubb（1972）.

60. Hutchinson and Wenzel（1980）.

61. G. Nevitt，私人通信。

62. G. Nevitt，私人通信。

63. Bonadonna et al.（2006）.

64. Collins（1884）.

65. Nevitt et al.（2008）.

66. Fleissner et al.（2003）；Falkenberg et al.（2010）.

67. 转引自 Freidmann（1955）。

磁感

1. Gill et al.（2009）.

2. 洛克利和拉克一定都已经熟悉了 20 世纪初沃森（Watson，1908）以及沃森和拉什利（Watson and Lashley，1915）开展的加勒比海地区的燕鸥迁徙研究；另见 Wiltschko and Wiltschko（2003）。卡洛琳的故事来自 Lockley（1942）。

3. Lockley（1942）.

4. Brooke（1990）.

5. Brooke（1990）.

6. Guilford et al.（2009）.

7. 迁徙兴奋（Migratory restlessness）也被称作 "Zugunruhe"（由德语单词移动、迁徙 "Zug" 和躁动、兴奋 "unruhe" 组成），因为这一现象曾被认为是由德国鸟类学家发现的，但其实不然。发现这一现象的是一位不知名的法国人（Birkhead，2008）。

8. Birkhead (2008)；之后已经对基本设计做了一些改动。

9. Middendorf（1859）；Viguier（1882）.地球是一个巨大的磁体，磁力线由地球的南极出发，在北极再进入地球。磁力线在赤道平行于地球表面，但越接近两极越倾斜。可见，磁场强度在地球表面的分布也会不同。磁力线角度和磁场强度两者加在一起使得任意一个特定的地点的 "磁场特征" 也是独一无二的，这样动物就有可能利用 "磁场特征" 在磁场地图上确定它们的位置。20 世纪 80 年代，当时在曼彻斯特大学的罗宾·贝克就在本科生的协助下开展了一些实验……至少对他来说，这些实验表明了磁感的存在，但还无法让科学界的其他人确信这一点。

10. Thomson（1936）.

11. Griffin（1944）.

12. 实际要比这个更复杂——鸟类既利用磁场也利用星空（Wiltschko and Wiltschko，1991）。

注释   231

13. Lohmann（2010）.

14. Lohmann（2010）.

15. Wiltschko and Wiltschko（2005）; Fleissner et al.（2003）; Falkenberg et al.（2010）.

16. Ritz et al.（2000）.

17. 这一"双感受器假说"是有争议的，并不是所有的生物学家都接受，并且到目前为止，其机制还只是假设。

情绪

1. Darwin（1871）; Skutch（1996：41）; Gardiner（1832）.

2. 亚里士多德记录了对捕食者的迷惑性炫耀（Armstrong，1956）。

3. Tinbergen（1951）; McFarland（1981: 151）; Hinde（1966, 1982）.

4. 格里芬（Griffin，1992）引入了"认知行为学"一词——开创了一个新的领域。

5. Gadakar（2005）.

6. Singer（1975）; Dunbar and Shultz（2010）.

7. 另外两个问题是：宇宙的起源以及生命的起源。对这两个问题的答案，我们已经有了一些合理的观点，但就意识而言，我们还刚刚起步。关于人类意识的最新概述见 Lane（2009）。

8. Rolls（2005）; Paul et al.（2005）; Cabanac（1971）.

9. 2007 年在斯科莫岛上，我的野外助手杰西卡·米德（Jessica Meade）观察到我们上了彩色环志的一只海鸦被大黑背鸥杀死。那一年兔子很少，而兔子是大黑背鸥的主要猎物。

10. Birkhead and Nettleship（1984）．

11. K. Ashbrook，私人通信。

12. Ashbrook et al.（2008）；M. P. Harris，私人通信。

13. Gould（1848）．

14. Heinsohn（2009）．

15. Tinbergen（1953）．

16. Cockrem and Silverin（2002）．

17. Cockrem（2007）．

18. Shuett and Grober（2000）．

19. Carere et al.（2001）．

20. Bentham（1798）．

21. Braithwaite（2010: 78）．

22. J. Cockrem，私人通信。

23. Bolhuis and Giraldeau（2005）．

24.《星期日泰晤士报》（*Sunday Times*）（伦敦），2006 年 12 月 14 日版。

25. Gentle and Wilson（2004）．雏鸡年龄越小，被断喙后恢复得越快，并且似乎所遭受的痛苦也越少，所以通常在雏鸡一日龄时就进行断喙。另一个替代方法是用红外线热量断喙来减少痛苦，在一些地区，已经有运动禁止了断喙这一做法。

见：http://www.poultryhub.org/index.php/Beak_trimming

26. 一些毒品也有同样的作用。

27. Young and Wang（2004）．

28. E. Adkins–Regan, 私人通信。

29. Zeki（2007）："根据世界上爱的文学可以看出，浪漫的男女之爱是有其基础的：一种联结的概念，一种极致热情的状态，爱人之间渴望与彼此联结，消除两人间的所有距离。性的结合是人类所能达到的最亲密的那种联结。"

30. Lack（1968）；Birkhead and Møller（1992）.

31. Dunbar and Shultz（2010）；Dunbar（2010）.

32. Harrison（1965）.

33. Nelson（1978: 111）.

34. Catchpole and Slater（2008）.

35. Brown et al.（1988）. 其他合作繁殖的鸟都表现了群体炫耀行为，包括白翅澳鸦的共同沙浴，以及阿拉伯鸫鹛在清晨和傍晚令人难忘的"群体舞蹈"，在这种舞蹈中，这些鸟的同伴之间以一种奇特的热情相互挤来挤去。

36. Keverne et al.（1989）；另见 Dunbar（2010）。I. Pepperberg，私人通信；她特意强调了这些仅是坊间的观察。

37. Cabanac（1971）.

后记

1. Heppner（1965）.

2. Montgomerie and Weatherhead（1997）.

3. Simmons et al.（1988）.

4. Gould, S. J.（1985）.

5. Rosenblum（2010）.

鸟的感官

6. 鸡啄序实验：Pizzari et al.（2003）；随着一个新的雌性个体的出现，雄性精子的数量会增长，这一现象被称为柯立芝效应（以美国总统卡尔文·柯立芝命名）。这来源于一个段子：柯立芝总统和夫人分别去参观一个实验性的政府农场。当柯立芝夫人来到鸡舍，她注意到一只公鸡交配得非常频繁。她问陪同人员这只公鸡交配有多频繁，她得到的回答是"每天几十次吧"。柯立芝夫人说："总统来的时候把这个告诉他。"当被告知这件事后，总统问："它每次都是和同一只母鸡吗？"回答是："哦，不，总统先生，每次都是不同的母鸡。"总统说："把这个告诉柯立芝夫人。"（Dewsbury，2000）。翻石鹬的例子：Whitfield（1987）；鸽子的例子：Jitsumori et al.（1999）。

7. Rosenblum（2010）.

8. Rosenblum（2010）.

术语表

相互理羽（Allopreening）：一只鸟给另外一只鸟梳理羽毛；哺乳动物中这种行为叫作相互理毛（Allogrooming）。

振幅（Amplitude）：声音的响度，用于测量声波的能量。

嗅觉缺失（Anosmatic）：失去嗅觉的；嗅盲。

拟人论（Anthropomorphism）：赋予其他动物人类的特征。

警戒色（Aposematic colouration）：鲜明的颜色图案，用于向其他动物警告，该动物有毒性。

衰减（Attenuation）：随着传播的距离增加，声音的强度减弱。

听力图（Audiogram）：也叫"可听度曲线"（audibility curve）。用横坐标表示音频；而纵坐标为听力级（按分贝计算），从高到低。用来表示能听到的最弱的声音。

自动机器（Automaton）：自动运行的机器。

基底膜（Basilar membrane）：在内耳的瓶状囊中的硬膜，上面有用于听觉的感觉毛（毛细胞）。

行为生态学（Behavioural ecology）：在生态和演化框架中对行为的研究。

巢寄生（Brood parasite）：一种鸟（如大杜鹃）通过让其他鸟的亲鸟来照顾自

己后代的寄生方式。

孵卵斑（Brood patch）：鸟类腹部没有羽毛的裸露皮肤区域，用于将体温直接传递给鸟卵来孵化。鸟类可能有一个、两个或三个孵卵斑。

泄殖腔突起（Cloacal protrusion）：雄性马岛鹦鹉的泄殖腔区域的突起，能在交配时插入雌鸟，形成一个交配结。

耳蜗（Cochlea）：内耳中细长的部分，经常会卷曲（在哺乳动物中会卷曲，而在鸟类中不会），其中包含声音感受细胞。

甲（Conchae）：见鼻甲（nasal concha）。

正羽（Contour feather）：鸟类覆盖身体的最外层的羽毛。

声音衰减（Degradation of sound）：鸟类的鸣唱（以及其他声音）由于受风和植被的影响而随着传播距离衰弱，因而越是从远源传播来的声音越模糊。

不适口昆虫（Distasteful insect）：难吃以及（或者）有毒或造成刺痛感的昆虫。

埃姆伦漏斗（Emlen funnel）：也被称为定向笼（Orientation Cage）；用于研究鸟类迁徙行为的装置。由约翰·埃姆伦和史蒂文·埃姆伦父子在20世纪60年代发明，并以他们的名字命名。它是一个环状漏斗形的笼子，在底部有一个印台，漏斗斜面为纸板。鸟类在飞离的时候，脚会在纸板上留下印记，用于指示迁徙行为的方向和强度。

内分泌系统（Endocrine system）：分泌激素（化学信息素）到血液循环中的腺体系统。

咽鼓管（Eustachian tube）：连接喉部和中耳的管道。

毛羽（Filoplume）：毛发状的羽毛；是几种羽毛类型之一。

视凹（Fovea）：眼睛后方视网膜上的一个小凹陷，是视觉锐度最高的区域。

眼底（Fundus oculi）：眼球内后部的凹面组织。

定位装置（Geolocator）：一种微型光线记录仪——光照度记录器——用于追踪动物的运动。通过记录从日出到日落的时间，来估测经纬度。

鸟的感官

格兰氏小体（Grandry corpuscles）：一种分布在鸟类的喙和舌头上的触觉感受器。

海氏小体（Herbst corpuscles）：一种分布在鸟类的喙和皮肤中的触觉感受器，通常比格兰氏小体大。

下丘脑（Hypothalamus）：也称丘脑下部，是大脑内部的一个腺体，调控消化系统和生殖系统，调节如进食在内的许多行为。

印痕（Imprinting）：一种学习行为模式，该行为模式发生在动物个体生命初期的特定时间段内（敏感期）。亲子印痕（Filial imprinting）是子代认识谁是它的父母的学习；性印痕（Sexual imprinting）是个体通常通过观察它们的父母，而对它们之后性伴侣特征选择的学习。

偏侧化（Lateralisation）：对一只眼睛或手的使用多于另外一只的趋势。例如人的右（左）利手。

黄斑（Macula）：眼睛视网膜上包含视凹的区域。

鼻甲（Nasal concha）：鸟喙中一根薄而卷曲的骨性结构，上面覆盖着一层包含嗅觉感受器的组织（鼻黏膜上皮）。

神经激素（Neurohormone）：一种由专门的神经细胞（神经分泌细胞）释放到血液中的激素，不是从内分泌腺释放到血液中的。例如，催产素是在大脑中产生的一种神经激素。

瞬膜（Nictitating membrane）：鸟类和其他脊椎动物拥有的一层透明或半透明的第三眼睑，哺乳动物很少有瞬膜。

雀形目（Passerine）：鸟类中的一目，通常也称为雀鸟，或者不那么准确地统称为"鸣禽"（songbirds）。雀形目鸟类的种类超过所有现生鸟类种类的一半（较之于非雀形目鸟类）；雀形目包含鸣禽和亚鸣禽两个类群，后者包括新世界的霸鹟。（译者注：现在雀形目被分为三个亚目：鸣禽亚目 *Passeri*、霸鹟亚目 *Tyranni* 和刺鹩亚目 *Acanthisitti*。第三类只包括新西兰的刺鹩科鸟类。）

栉膜（Pecten）：鸟类眼后房中的一种结构，通常是褶皱或者梳状。

阴茎状器官（Phalloid organ）:两种牛文鸟拥有的类似于阴茎的结构，雄鸟的比雌鸟的大，位于泄殖腔孔的前缘。

光敏细胞（Photosensitive cells）:光感受器——包括视锥细胞和视杆细胞；是位于眼睛视网膜上的特化细胞。

系统发生效应（Phylogenetic effect）:如果在一个分类单元（比如说一个属或一个科）中所有的成员拥有同样的特征（比如窝卵数或者尾羽数量），这就被称为一种系统发生效应，意思就是说该分类单元中所有成员拥有该特征是因为它们拥有共同的祖先。

一雄多雌（Polygyny）:一种婚配制度的类型，一只雄性拥有一只以上的雌性伴侣，属于多配制（Polygamy）的一种。其他的婚配制度包括：单配制（monogamy），一只雄性和一只雌性结成繁殖对；一雌多雄（polyandry），一只雌性拥有一只以上的雄性伴侣。

口须（Rictal bristle）:在鸟喙周围的发状的硬质须羽。

声谱图（Sonogram）:通过声谱仪产生的声音的图形图像，在纵坐标上显示频率（或音高），横坐标上显示周期；鸟类学中用于分析鸟类鸣唱。

视锐度（Visual acuity）:指视觉的锐度或图像的空间分辨率。

视感光度（Visual sensitivity）:眼睛在低光照情况下辨别物体的能力。

参考文献

Aldrovandi, U., 1599 - 1603, *Ornithologiae hoc est de avibus historiae*, Bologna, Italy.

Alvarez del Toro, M., 1971, 'On the biology of the American finfoot in southern Mexico', *Living Bird*, 10, 79 - 88.

Andersson, M. B., 1994, *Sexual Selection*, Princeton, NJ: Princeton University Press.

Anon., 1987. Obituary, H. B. Cott(1900 - 1987), Selwyn College Calendar 1987, 64 - 8.

Ansley, H., 1954, 'Do birds hear their songs as we do?', *Proceedings of the Linnaean Society of New York*, 63 - 5, 39 - 40.

Armstrong, E. A., 1956, 'Distraction display and the human predator', *The Ibis*, 98, 641 - 54.

Ashbrook, K., Wanless, S., Harris, M. P., and Hamer, K. C., 2008, 'Hitting the buffers: conspecific aggression undermines benefits of colonial breeding under adverse conditions', *Biology Letters*, 4, 630 - 33.

Audubon, J. J., 1831 - 9, *Ornithological Biography, or, an Account of the Habits of the Birds of the United States of America*, Edinburgh: A. Black.

Baker, R. R., and Parker, G. A., 1979, 'The evolution of bird colouration', *Philosophical Transactions of the Royal Society of London B*, 287, 67 - 130.

Baldner, L., 1666, *Vogel-, Fisch und Thierbuch*, unpublished MS, addl MSS 6485 and 6486, London, British Library.

— 1973, *Vogel-, Fisch und Thierbuch*, Einfürhrung von R. Lauterbom, Stuttgart: Müller and Schindler [facsimile edition].

Ballentine, B., and Hill, G. E., 2003, 'Female mate choice in relation to structural plumage coloration in blue grosbeaks', *The Condor*, 105, 593 - 8.

Bang, B. G., 1960, 'Anatomical evidence for olfactory function in some species of birds', *Nature*, 188, 547 - 9.

— 1965, 'Anatomical adaptations for olfaction in the snow petrel', *Nature*, 205, 513 - 15.

— 1971, 'Functional anatomy of the olfactory system in 23 orders of birds', *Acta Anatomica Supplementum*, 58, 1 - 76.

Bang, B. G., and Cobb, S., 1968, 'The size of the olfactory bulb in 108 species of birds', *The Auk*, 85, 55–61.

Bang, B. G., and Wenzel, B. M., 1985, 'Nasal cavity and olfactory system', in *Form and Function in Birds* (ed. King, A. S., and McLelland, J.), pp. 195–225, London: Academic Press.

Bath, W., 1906, 'Die Geschmacksorgane der Vogel; und Krokodile', *Arch. fur Biontologie*, 1, 5–47.

Beehler, B. M., Pratt, T. K., and Zimmerman, D. A., 1986, *Birds of New Guinea*, Princeton, NJ: Princeton University Press.

Bellini, L., 1665, *Gustus Organum*, Bologna: Typis Pisarrianis.

Benham, W. B., 1906, 'The olfactory sense in *Apteryx'*, *Nature*, 74, 222–3.

Bentham, J., 1798, *An Introduction to the Principles of Morals and Legislation*, London: T. Payne.

Bentz, G. D., 1983, 'Myology and histology of the phalloid organ of the buffalo weaver (*Bubalornis albirostris)'*, *The Auk*, 100, 501–4.

Berkhoudt, H., 1980, 'Touch and taste in the mallard (*Anas platyrhynchos L.*)', PhD Thesis, University of Leiden.

— 1985, 'Structure and function of avian taste receptors', in *Form and Function in Birds*, vol. 3 (ed. King, A. S., and McLelland, J.), pp. 463–96, London: Academic Press.

Best, E., 2005, *Forest Lore of the Maori*, Wellington: Te Papa Press.

Birkhead, T. R., 2003, *The Red Canary*, London: Weidenfeld & Nicolson.

— 2008, *The Wisdom of Birds*, London: Bloomsbury.

Birkhead, T. R., and Møller, A. P., 1992, *Sperm Competition in Birds: Evolutionary Causes and Consequences*, London: Academic Press.

Birkhead, T. R., and Nettleship, D. N., 1984, 'Alloparental care in the common murre', *Canadian Journal of Zoology*, 62, 2121–4.

Blumenbach, J. F., 1827, *A Manual of Comparative Anatomy*, London: W. Simpkin & R. Marshall.

Bolhuis, J. J., and Giraldeau, L.-A., 2005, *The Behaviour of Animals: Mechanisms, Function and Evolution*, Hoboken, NJ: Wiley-Blackwell.

Bonadonna, F., Caro, S., Jouventin, P., and G. A. Nevitt, 2006, 'Evidence that blue petrel, *Halobaena caerulea*, fledglings can detect and orient to dimethyl sulphide', *Journal of Experimental Biology*, 209, 2165–9.

Botezat, E., 1904, 'Geschmacksorgane und andere nervose Endapparate im Schnabel der Vogel (vorlaufige Mitteilung)', *Biologisches Zentralblatt*, 24, 722–36.

Braithwaite, V. A., 2010, *Do Fish Feel Pain?*, Oxford: Oxford University Press.

Bray, C. W., and Thurlow, W. R., 1942, 'Interference and distortion in the cochlear responses of the pigeon', *Journal of Comparative Psychology*, 33, 279–89.

Brooke, M. de L., 1985, 'The effect of allopreening on tick burdens of molting Eudyptid penguins', *The Auk*, 102, 893–5.

— 1990, *The Manx Shearwater*, London: T. and A. D. Poyser.

Brooker, R. J., Widmaier, E. P., Graham, L. E., and Stiling, P. D., 2008, *Biology,* Boston, MA: McGraw-Hill.

Browne, E. D., 1988, 'Song sharing in a group-living songbird, the Australian magpie

Gymnorhina tibicen. I. Vocal sharing within and among groups', *Behaviour*, 104, 1‒28.

Brumm, H., 2004, 'The impact of environmental noise on song amplitude in a territorial bird', *Journal of Animal Ecology*, 73, 434‒40.

—— 2009, 'Song amplitude and body size in birds', *Behavioural Ecology & Sociobiology*, 63, 1157‒65.

Buffon, G.-L., 1770‒83, *Histoire Naturelle des Oiseaux*, Paris.

Buller, S. W. L., 1873, *A History of the Birds of New Zealand*, London: J. Van Voorst.

Bumm, A., 1883, 'Das Großhirn der Vogel', *Z wiss Zool*, 38, 430‒67.

Burkhardt, F., Secord, J. A., Dean, S. A., Evans, S., Innes, S., Pearn, A. M., and White, P., 2008, *The Correspondence of Charles Darwin*, vol. 16, *1868, Parts 1 and 2*, Cambridge: Cambridge University Press.

—— 2009, *The Correspondence of Charles Darwin*, vol. 17, *1869*, Cambridge: Cambridge University Press.

Burton, R. F., 2008, 'The scaling of eye size in adult birds: relationship to brain, head and body sizes', *Vision Research*, 48, 2345‒51.

Cabanac, M., 1971, 'Physiological role of pleasure', *Science*, 173, 1103‒7.

Carere, C., Welink, D., Drent, P. J., Koolhaas, J. M., and Groothius, T. G., 2001, 'Effect of social defeat in a territorial bird (*Parus major*) selected for different coping styles', *Physiological Behavior*, 73, 427‒33.

Carvell, G. E., and Simmons, D. J., 1990, 'Biometric analyses of vibrissal tactile discrimination in the rat', *Neuroscience*, 10, 2638‒48.

Catchpole, C. K., and Slater, P. J. B., 2008, *Bird Song: Themes and Varations*, 2nd edn, Cambridge: Cambridge University Press.

Clark, L., Avilova, K. V., and Bean, N. J., 1993, 'Odor thresholds in passerines', *Comparative Biochemistry and Physiology A*, 104, 305‒12.

Cobb, N., 1915, 'Nematodes and their relationships', *Yearbook of the United States Department of Agriculture 1914*, pp. 457‒90. Washington, DC: Dept of Agriculture.

Cockrem, J. F., 2007, 'Stress, corticosterone responses and avian personalities', *Journal of Ornithology*, 148 (Suppl. 2), S169‒S178.

Cockrem, J. F., and Silverin, B., 2002, 'Sight of a predator can stimulate a corticosterone response in the great tit (*Parus major*)', *General and Comparative Endocrinology*, 125, 248‒55.

Coiter, V., 1572, *Externarum et internarum principalium humani corporis partium tabulae*, Nuremberg: In officina Theodorici Gerlatzeni.

Cole, F. J., 1944, *A History of Comparative Anatomy from Aristotle to the Eighteenth Century*, London: Macmillan.

Collins, J. W., 1884, 'Notes on the habits and methods of capture of various species of seabirds that occur on the fishing banks off the eastern coast of North America', *Report of the Commissioner of Fish and Fisheries for 1882*, 13, 311‒35.

Collins, S., 2000, 'Men's voices and women's voices', *Animal Behaviour*, 60, 773‒80.

Corfield, J. R., 2009, 'Evolution of the brain and sensory systems of the kiwi', unpublished PhD Thesis, University of Auckland.

Corfield, J. R., Wild, J. M., Hauber, M. E., Parsons, S., and Kubke, M. F., 2008a, 'Evolution of brain size in the palaeognath lineage, with an emphasis on New Zealand ratites', *Brain*,

Behaviour & Evolution, 71, 87-99.

Corfield, J. R., Wild, J. M., Cowan, B. R., Parsons, S., and Kubke, M. F., 2008b, 'MRI of postmortem specimens of endangered species for comparative brain anatomy', *Nature Protocols*, 3, 597-605.

Cott, H. B., 1940, *Adaptive Colouration in Animals*, London: Methuen & Co.

— 1945, 'The edibility of birds', *Nature*, 156, 736-7.

— 1947, 'The edibility of birds: illustrated by five years' experiments and observations (1941-1946) on the food preferences of the hornet, cat and man; and considered with special reference to the theories of adaptive coloration', *Proceedings of the Zoological Society of London*, 116, 371-524.

Cunningham, S. J., Castro, I., and M. Alley, 2007, 'A new prey–detection mechanism for kiwi (*Apteryx* spp.) suggests convergent evolution between paleognathous and neognathous birds', *Journal of Anatomy*, 211, 493-502.

Cuthill, I. C., 2006, 'Colour perception', in *Bird Coloration: Mechanisms and Measurements* (ed. Hill, G. E., and McGraw, K.), pp. 3-40. Cambridge, MA: Harvard University Press.

Darwin, C., 1871, *The Descent of Man, and Selection in Relation to Sex*, London: J. Murray.

Davies, N. B., 1992, *Dunnock Behaviour and Social Evolution*, Oxford: Oxford University Press.

— 2000, *Cuckoos, Cowbirds and Other Cheats*, London: Poyser.

Dawkins, M. S., 2006, 'Through animal eyes: what behaviour tells us', *Applied Animal Behaviour Science*, 100, 4-10.

Defoe, D., 1724-6, *A Tour through the Whole Island of Great Britain*, London.

Derham, W., 1713, *Physico-Theology*. London: W. and J. Innys.

Dewsbury, D. A., 2000, 'Frank A. Beach, master teacher', *Portraits of Pioneers in Psychology*, 4, 269-81.

Dijkgraaf, S., 1960, 'Spallanzani's unpublished experiments on the sensory basis of object perception in bats', *Isis*, 51, 9-20.

Dooling, R. J., Fay, R. R., and Popper, A. N., 2000, *Comparative Hearing: Birds and Reptiles*, New York: Springer-Verlag.

Draganoiu, T. I., Nagle, L., and Kreutzer, M., 2002, 'Directional female preference for an exaggerated male trait in canary (*Serinus canaria*) song', *Proc. R. Soc. Lond. B*, 269, 2525-31.

Drent, R., 1975, 'Incubation', in *Avian Biology* (ed. Farner, D. S., and King, J. R.), pp. 333-420, New York: Academic Press.

Dumbacher, J. P., Beehler, B. M., Spande, T. F., Garraffo, H. M., and Daly, J. W., 1993, 'Pitohui: how toxic and to whom?', *Science*, 259, 582-3.

Dunbar, R. I. M., 2010, 'The social role of touch in humans and primates: Behavioural function and neurobiological mechanisms', *Neuroscience and Biobehavioural Reviews*, 34, 260-68.

Dunbar, R. I. M., and Shultz, S., 2010, 'Bondedness and sociality', *Behaviour*, 147, 775-803.

Eaton, M. D., and Lanyon, S. M., 2003, 'The ubiquity of avian ultraviolet plumage reflectance', *Proc. R. Soc. Lond. B*, 270, 1721-6.

鸟的感官

Edvardsson, M., and Arnqvist, G., 2000, 'Copulatory courtship and cryptic female choice in red flour beetles *Tribolium castaneum*', *Proc. R. Soc. Lond. B*, 267, 446 - 8.

Ekstrom, J. M. M., Burke, T., Randrianaina, L., and Birkhead, T. R., 2007, 'Unusual sex roles in a highly promiscuous parrot: the greater vasa parrot *Caracopsis vasa*', *The Ibis*, 149, 313 - 20.

Escalante, P., and Daly, J. W., 1994, 'Alkaloids in extracts of feathers of the red warbler', *Journal of Ornithology*, 135, 410.

Falkenberg, G., Fleissner, G., Schuchardt, K., Kuehbacher, M., Thalau, P., Mouritsen, H., Heyers, D., Wellenreuther, G., and Fleissner, G., 2010, 'Avian magnetoreception: elaborate iron mineral–containing dendrites in the upper beak seem to be a common feature of birds', *PLoS ONE*, 5, 1 - 9.

Fenton, M. B., and Bell, G. P., 1981, 'Recognition of species of insectivorous bats by their echolocation calls', *Journal of Mammalogy*, 62: 233 - 43.

Fisher, C., 2002, *A Passion for Natural History: The Life and Legacy of the 13th Earl of Derby*, Liverpool: National Museums and Galleries, Merseyside.

Fitzpatrick, J. W. et al. (sixteen co–authors), 2005, 'Ivory–billed woodpecker (*Campephilus principalis*) persists in continental North America', Science, 308, 1460 - 62.

Fleissner, G., Holtkamp–Rotzler, E., Hanzlik, M., Winklhofer, M., Fleissner, G., Petersen, N., and Wiltschko, W., 2003, 'Ultrastructural analysis of a putative magnetoreceptor in the beak of homing pigeons', *The Journal of Comparative Neurology*, 458, 350 - 60.

Forstmeier, W., and Birkhead, T. R., 2004, 'Repeatability of mate choice in the zebra finch: consistency within and between females', *Animal Behaviour*, 68, 1017 - 28.

Fox, R., Lehmkuhle, S., and Westerndorf, D. H., 1976, 'Falcon visual acuity', *Science*, 192, 263 - 5.

Friedmann, H., 1955, 'The honey–guides', *Bulletin of the United States National Museum*, 208, 292.

Gadagkar, R., 2005, 'Donald Griffin strove to give animals their due', *Resonance*, 10, 3 - 5.

Galambos, R., 1942, 'The avoidance of obstacles by flying bats: Spallanzani's ideas (1794) and later theories,' *Isis*, 34, 132 - 40.

Gardiner, W., 1832, *The Music of Nature; or, An Attempt to Prove that what is Passionate and Pleasing in the Art of Singing, Speaking and Performing upon Musical Instruments, is Derived from Sounds of the Animated World*, London: Longman.

Garfield, B., 2007, *The Meinertzhagen Mystery*, Washington, DC: Potomac Books.

Gentle, M., and Wilson, S., 2004, 'Pain and the laying hen', in *Welfare of the Laying Hen* (ed. Perry, G. C.), pp. 165 - 75, Wallingford: CABI.

Gerritsen, A. F. C., Van Heezik, Y. M., and Swennen, C., 1983, 'Chemoreception in two further *Calidris* species (*C. maritima and C. canutus*) with comparison of the relative importance of chemoreception during foraging in *Calidris* species', *Netherlands Journal of Zoology*, 33, 485 - 96.

Gill, R. E., Tibbits, T. L., Douglas, D. C., Handal, C. M., Mulcahy, D. M., Gottschlack, J. C., Warnock, N., McCafferey, B. J., Battley, P. F., and Piersma, T., 2009, 'Extreme endurance flights by landbirds crossing the Pacific Ocean: ecological corridor rather than barrier?', *Proc. R. Soc. Lond. B*, 276, 447 - 57.

Gilliard, E. T., 1962, 'On the breeding behaviour of the Cock–of–the–Rock (Aves, *Rupicola*

rupicola)', *Bulletin of the American Museum of Natural History*, 124, 31‑68.

Goujon, D. E., 1869, 'An apparatus of tactile corpuscles situated in the beaks of parrots', *Journal de l'Anatomie et de la Physiologie Normales et Pathologiques de l'Homme*, 6, 449‑55.

Gould, J., 1848, *The Birds of Australia*, London: published by the author, seven volumes.

Gould, S. J., 1985, *The Flamingo's Smile: Essays in Natural History*, New York: W. W. Norton & Co.

Grassé, P. P., 1950, *Traité de Zoologie*: Oiseaux, Paris: Masson.

Griffin, D. R., 1944, 'The sensory basis of bird navigation', *The Quarterly Review of Biology*, 19, 15‑31.

— 1958, *Listening in the Dark: The Acoustic Orientation of Bats and Men*, New Haven, Conn.: Yale University Press.

— 1976, *The Question of Animal Awareness: Evolutionary Continuity of Mental Experience*, New York, NY: The Rockefeller University Press.

— 1992, *Animal Minds*, Chicago IL: University of Chicago Press.

Grubb, T., 1972, 'Smelling and foraging in petrels and shearwaters', *Nature*, 237, 404‑5.

Guilford, T., Meade, J., Willis, J., Phillips, R. A., Boyle, D., Roberts, S., Collett, M., Freeman, R., and Perrins, C. M., 2009, 'Migration and stopover in a small pelagic seabird, the Manx shearwater *Puffinus puffinus*: insights from machine learning', *Proc. R. Soc. Lond. B*, 276, 1215‑23.

Gurney, J. H., 1922, 'On the sense of smell possessed by birds', *The Ibis*, 2, 225‑53.

Hainsworth, F. R., and Wolf, L. L., 1976, 'Nectar characteristics and food selection by hummingbirds', *Oecologica*, 25, 101‑13.

Handford, P., and Nottebohm, F., 1976, 'Allozymic and morphological variation in population samples of rufous‑collared sparrow, *Zonotrichia capensis*, in relation to vocal dialects', *Evolution*, 30, 802‑17.

Harris, L. J., 1969, Footedness in parrots: three centuries of research, theory, and mere surmise, *Canadian Journal of Psychology*, 43, 369‑96.

Harrison, C. J. O., 1965, 'Allopreening as agonistic behaviour', *Behaviour*, 24, 161‑209.

Harting, J. E., 1883, *Essays on Sport and Natural History*, London: Horace Cox.

Hartley, P. H. T., 1947, 'Review of *Background to Birds* by B. Vesey‑Fitzgerald', *The Ibis*, 91, 539‑40.

Harvey, P. H., and Pagel, M. D., 1991, *The Comparative Method in Evolutionary Biology*, Oxford: Oxford University Press.

Healy, S., and Guilford, T., 1990, 'Olfactory‑bulb size and nocturnality in birds', *Evolution*, 44, 339‑46.

Heinsohn, R., 2009, 'White‑winged choughs: the social consequences of boom and bust', in *Boom and Bust: Bird Stories for a Dry Country* (ed. Robin, L., Heinsohn, R., and Joseph, L.), pp. 223‑40, Victoria, Australia: CSIRO Publishing.

Henry, R., 1903, *The Habits of the Flightless Birds of New Zealand, with Notes on other New Zealand birds*, Wellington, NZ: Government Printer.

Heppner, F., 1965, 'Sensory mechanisms and environmental cues used by the American robin in locating earthworms', *Condor*, 67, 247‑56.

Hill, A., 1905, 'Can birds smell?', *Nature*, 1840, 318‑19.

鸟的感官

Hill, G. E., 2007, *Ivorybill Hunters*, Oxford: Oxford University Press.

Hill, G. E., and McGraw, K. J., 2006, *Bird Coloration: Function and Evolution*, Cambridge, MA: Harvard University Press.

Hinde, R. A., 1966, *Animal Behaviour: A Synthesis of Ethology and Comparative Psychology*, Maidenhead: McGraw–Hill.

— 1982, *Ethology*, Oxford: Oxford University Press.

Hingston, R. W. G., 1933, *The Meaning of Animal Colour and Adornment*, London: Edward Arnold.

Homberger, D. G., and de Silva, K. N., 2000, 'Functional microanatomy of the feather-bearing integument: implications for the evolution of birds and avian flight', *American Zoologist*, 40, 553–74.

Howland, H. C., Merola, S., and Basarab, J. R., 2004, 'The allometry and scaling of the size of vertebrate eyes', *Vision Research*, 44, 2043–65.

Hulse, S. H., MacDougall–Shackleton, S. A., and Wisniewski, A. B., 1997, 'Auditory scene analysis by songbirds: stream segregation of birdsong by European starlings (*Sturnus vulgaris*)', *Journal of Comparative Psychology*, 111, 3–13.

Hultcrantz, M., and Simonoska, R., 2006, 'Estrogen and hearing: a summary of recent investigations', *Acta Oto-Laryngologica*, 126, 10–14.

Hunter, M. L., and Krebs, J. R., 1979, 'Geographical variation in the song of the great tit (*Parus major*) in relation to ecological factors', *Journal of Animal Ecology*, 48, 759–85.

Hutchinson, L. V., and Wenzel, M., 1980, 'Olfactory guidance in foraging by Procellariiforms', *The Condor*, 82, 314–19.

Ings, S., 2007, *The Eye: A Natural History*, London: Bloomsbury.

Jackson, C. E., 1999, *Dictionary of Bird Artists of the World*, Woodbridge: Antique Collectors' Club.

Järvi, T., Sillén–Tullberg, B., and Wiklund, C., 1981, 'The cost of being aposematic: an experimental study of predation on larvae of *Papilio achaon* by the great tit *Parus major'*, *Oikos*, 36, 267–72.

Jenner, E., 1788, 'Observations on the natural history of the cuckoo', *Philosophical Transactions of the Royal Society*, 78, 219–37.

Jitsumori, M., Natori, M., and Okuyama, K., 1999, 'Recognition of moving video images of conspecifi cs by pigeons: effects of individual static and dynamic motion cues', *Animal Learning & Behavior*, 27, 303–15.

Jones, D. N., and Goth, A., 2008, *Mound-builders*, Victoria, Australia: CSIRO Publishing.

Jones, R. B., and Roper, T. J., 1997, 'Olfaction in the domestic fowl: a critical review', *Physiology & Behavior*, 62, 1009–18.

Jordt, S. E., and Julius, D. 2002, 'Molecular basis for species–specific sensitivity to "hot" chili peppers', *Cell*, 108, 421–30.

Jouventin, P., and Weimerskirch, H., 1990, 'Satellite tracking of wandering albatrosses', *Nature*, 343, 746–8.

Kare, M. R., and Mason, J. R., 1986, 'Chemical senses in birds', in *Avian Physiology* (ed. Sturkie, P. D.), New York, NY: Springer Verlag.

Keverne, E. B., Martensz, N. D., and Tuite, B., 1989, 'Beta–endorphin concentrations in cerebrospinal fluid of monkeys are influenced by grooming relationships', *Psychoneuroendocrinology*, 14, 155–61.

Knox, A. G., 1983, 'Handedness in crossbills *Loxia* and the akepa *Loxops coccinea*', *Bulletin of the British Ornithologists' Club*, 103, 114–18.

Komisaruk, B. R., Beyer, C., and Whipple, B., 2008, 'Orgasm', *The Psychologist*, 21, 100–103.

Komisaruk, B. R., Beyer-Flores, C., and Whipple, B., 2006, *The Science of Orgasm*, Baltimore, MD: Johns Hopkins University Press.

Konishi, M., 1973, 'How the owl tracks its prey', *American Scientist*, 61, 414–24.

Konishi, M., and Knudsen, E. L., 1979, 'The oilbird: hearing and echolocation', *Science*, 204, 425–7.

Koyama, S., 1999, *Tricks Using Varied Tits: Its History and Structure* [in Japanese], Tokyo: Hosei University Press.

Krebs, J. R., and Davies, N. B., 1997, *Behavioural Ecology: An Evolutionary Approach*, 4th edn, Oxford: Blackwell.

Krulis, V., 1978, 'Struktur und Verteilung von Tastrezeptoren im Schnabel–Zungenbereich von Sing–vogeln im besonderen der Fringillidae', *Revue Suisse de Zoologie*, 85, 385–447.

Lack, D., 1956, *Swifts in a Tower*, London: Methuen.

— 1968, *Ecological Adaptations for Breeding in Birds*, London: Methuen.

Lane, N., 2009, *Life Ascending*, London: Profile Books.

Lea, R. B., and Klandorf, H., 2002, 'The brood patch', in *Avian Eggs and Incubation* (ed. Deeming, C.), pp. 156–89, Oxford: Oxford University Press.

Lesson, R. P., 1831, *Traite d'ornithologie*, Paris: Bertrand.

Lockley, R. M., 1942, *Shearwaters*, London: Dent.

Lohmann, K. J., 2010, 'Animal behaviour: magnetic–field perception', *Nature*, 464, 1140–42.

Lucas, J. R., Freeman, T. M., Long, G. R., and Krishnan, A., 2007, 'Seasonal variation in avian auditory evoked responses to tones: a comparative analysis of Carolina chickadees, tufted titmice, and whitebreasted nuthatches', *Journal of Comparative Physiology A*, 193, 201–15.

Macdonald, H., 2006, *Falcon*, London: Reaktion Books.

Majnep, I. S., and Bulmer, R., 1977, *Birds of my Kalam Country*, Auckland, NZ: Auckland University Press.

Malpighi, M., 1665, *Epistolae Anatomicae de Cerebro ac Lingua*, Bologna, Italy: Typis Antonij Pisarrij.

Marler, P., 1959, 'Developments in the study of animal communication', in *Darwin's Biological Work* (ed. Bell, P. R.), pp. 150–206, Cambridge: Cambridge University Press.

Marler, P., and Slabbekoorn, H. W., 2004, *Nature's Music: The Science of Birdsong*, London: Academic Press.

Marshall, A. J., 1961, *Biology and Comparative Physiology of Birds*, New York, NY: Academic Press.

Martin, G., 1990, *Birds by Night*, London: Poyser.

Martin, G. R., and Osorio, D., 2008, 'Vision in birds', in *The Senses: A Comprehensive*

鸟的感官

Reference (ed. Basbaum, A. I., Kaneko, A., Shepherd, G. M., Westheimer, G., Albright, T. D., Masland, R. H., Dallos, P., Oertel, D., Firestein, D., Beauchamp, G. K., Bushnell, M. C., Kaas, J. C., and Gardner, E.), Berlin: Elsevier.

Martin, G. R., Wilson, K.–J., Wild, J. M., Parsons, S., Kubke, M. F., and Corfield, J., 2007, 'Kiwi forego vision in the guidance of their nocturnal activites', *PLoS ONE* 2 (2) e198, 1-6.

Mason, J. R., and Clark, L., 2000, 'The chemical senses of birds', in *Sturkie's Avian Physiology* (ed. Sturkie, P. D.), pp. 39-56, San Diego: Academic Press.

McCurrich, J. P., 1930, *Leonardo da Vinci: The Anatomist*, Washington, DC: Carnegie Institute, Washington.

McFarland, D., 1981, *The Oxford Companion to Animal Behaviour*, New York, NY: Oxford University Press.

Merton, D. V., Morris, R. B., and Atkinson, I. A. E., 1984, 'Lek behaviour in a parrot: the kakapo *Strigops habroptilus* of New Zealand', *The Ibis*, 126, 277-83.

Middendorf, A. V., 1859, 'Die Isepiptesen Rußlands', *Mémoires de l'Académie Impériale des Sciences de St. Pétersbourg*, VI, 1-143.

Mikkola, H., 1983, *Owls of Europe*, New York: T. & A. D. Poyser.

Miller, L., 1942, 'Some tagging experiments with back–footed albatrosses', *The Condor*, 44, 3-9.

Mockford, E. J., and Marshall, R. C., 2009, 'Effects of urban noise on song and response behaviour in great tits', *Proc. R. Soc. Lond. B*, 276, 2976-85.

Montagu, G., 1802, *Ornithological Dictionary*, London: White.

— 1813, *Supplement to the Ornithological Dictionary*, Exeter: Woolmer.

Montgomerie, R., and Birkhead, T. R., 2009, 'Samuel Pepys's handcoloured copy of John Ray's "The Ornithology of Francis Willughby" (1678)', *J. Ornithol.*, 150, 883-91.

Montgomerie, R., and Weatherhead, P. J., 1997, 'How robins find worms', *Animal Behaviour*, 54, 143-51.

More, H., 1653, *An Antidote Against Atheism: Or an Appeal to the Natural Faculties of the Minds of Man, Whether there be not a God*, London: Daniel.

Morton, E. S., 1975, 'Ecological sources of selection on avian sounds', *American Naturalist*, 109, 17-34.

Nagel, T., 1974, 'What is it like to be a bat?', *The Philosophical Review*, 83, 435-50.

Naguib, M., 1995, 'Auditory distance assessment of singing conspecifics in Carolina wrens: the role of reverberation and frequency–dependent attenuation', *Animal Behaviour*, 50, 1297-307.

Necker, R., 1985, 'Observations on the function of a slowly–adapting mechanoreceptor associated with filoplumes in the feathered skin of pigeons', *Journal of Comparative Physiology A*, 156, 391-4.

Nelson, J. B., 1978, *The Gannet*, Berkhamsted: Poyser.

Nevitt, G. A., 2008, 'Sensory ecology on the high seas: the odor world of the procellariforme seabirds', *Journal of Experimental Biology*, 211, 1706-13.

Nevitt, G. A., and Hagelin, J. C., 2009, 'Olfaction in birds: a dedication to the pioneering spirit of Bernice Wenzel and Betsy Bang', *Annals of the New York Academy of Sciences*, 1170, 424-7.

参考文献

Nevitt, G. A., Losekoot, M., and Weimerskirch, H., 2008, 'Evidence for olfactory search in wandering albatross, *Diomedea exulans*', *Proceedings of the National Academy of Sciences*, USA, 105, 4576-81.

Newton, A., 1896, *A Dictionary of Birds*, London: A. & C. Black.

Nilsson, D. E., and Pelger, S., 1994, 'A pessimistic estimate of the time required for an eye to evolve', *Proc. R. Soc. Lond. B*, 256, 53-8.

Nottebohm, F., 1977, 'Asymmetries in neural control of vocalization in the canary. In *Lateralisation in the Nervous System* (ed. Harnad, S., Doty, R. W., Goldstein, L., Jaynes, J., and Krauthamer, G.), New York, NY: Academic Press.

Novick, A., 1959, 'Acoustic orientation in the cave swiftlet', *Biological Bulletin*, 117, 497-503.

Owen, R., 1837, No title. *Proceedings of the Zoological Society of London*, 1837, 33-5.

— 1879, *Memoirs on the Extinct Wingless Birds of New Zealand. With an Appendix on Those in England, Australia, Newfoundland, Mauritius and Rodriguez*, London: John van Voorst.

Paley, W., 1802, *Natural Theology: Or Evidences of the Existence and Attributes of the Deity Collected from the Appearances of Nature*, London.

Parker, T. J., 1891, 'Observations on the anatomy and development of *Apteryx*', *Phil. Trans. R. Soc. London B*, 182, 25-134.

Paul, E. S., Harding, E. J., and Mendl, M., 2005, 'Measuring emotional processes in animals: the utility of a cognitive approach', *Neuroscience and Biobehavioural Reviews*, 29, 469-91.

Payne, R. S., 1971, 'Acoustic location of prey by barn owls', *Journal of Experimental Biology*, 54, 535-73.

Perrault, C., 1680, *Essais de physique, ou recueil de plusieurs traitez touchant les choses naturelles*, Paris: J. B. Coignard.

Pfeffer, K. von, 1952, 'Untersuchungen zur Morphologie und Entwicklung der Fadenfedern', *Zoologische Jahrbücher Abteilung für Anatomie*, 72, 67-100.

Piersma, T., van Aelst, R., Kurk, K., Berkhoudt, H., and Mass, L. R. M., 1998, 'A new pressure sensory mechanism for prey detection in birds: the use of principles of seabed dynamics?', *Proc. R. Soc. Lond. B*, 265, 1377-83.

Pizzari, T., Cornwallis, C. K., Lovlie, H., Jakobsson, S., and Birkhead, T. R., 2003, 'Sophisticated sperm allocation in male fowl', *Nature*, 426, 70-74.

Pumphrey, R. J., 1948, 'The sense organs of birds', *The Ibis*, 90, 171-99.

Radford, A. N., 2008, 'Duration and outcome of intergroup conflict influences intragroup affiliative behaviour', *Proc. R. Soc. Lond. B*, 275, 2787-91.

Rattenborg, N. C., Amlaner, C. J., and Lima, S. L., 2000, 'Behavioral, neurophysiological and evolutionary perspectives on unihemispheric sleep', *Neuroscience and Biobehavioural Reviews*, 24, 817-42.

Rattenborg, N. C., Lima, S. L., and Amlaner, C. J., 1999, 'Facultative control of avian unihemispheric sleep under the risk of predation', *Behavioural Brain Research*, 105, 163-72.

Ray, J., 1678, *The Ornithology of Francis Willughby*, London: John Martyn.

Rennie, J., 1835, *The Faculties of Birds*, London: Charles Knight.

鸟的感官

Rensch, B., and Neunzig, R., 1925, 'Experimentelle Untersuchungen über den Geschmackssinn der Vögel II', *Journal of Ornithology*, 73, 633‑46.

Ritz, T., Adem, S., and Schulten, K., 2000, 'A model for vision-based magnetoreception in birds', *Biophysical Journal*, 78, 707‑18.

Rochon–Duvigneaud, A., 1943, *Les yeux et la vision des Vertébrés*, Paris: Masson.

Rogers, L. J., 1982, 'Light experience and asymmetry of brain function in chickens', *Nature*, 297, 223‑5.

— 2008, 'Development and function of lateralization in the avian brain', *Brain Research Bulletin*, 76, 235‑44.

Rogers, L. J., Zucca, P., and Vallortigara, G., 2004, 'Advantages of having a lateralized brain', *Proc. R. Soc. Lond. B*, 271, S420‑S422.

Rolls, E. T., 2005, *Emotion Explained*, Oxford: Oxford University Press.

Rosenblum, L. D., 2010, *See What I'm Saying*, New York, NY: Horton.

Ruestow, E. G., 1996, *The Microscope in the Dutch Republic*, Cambridge: Cambridge University Press.

Sade, J., Handrich, Y., Bernheim, J., and Cohen, D., 2008, 'Pressure equilibration in the penguin middle ear', *Acta Oto-Laryngologica*, 128, 18‑21.

Sayle, C. E., 1927, *The Works of Sir Thomas Browne*, Edinburgh: Grant.

Schickore, J., 2007, *The Microscope and the Eye: A History of Reflections, 1740–1870*, Chicago, IL: University of Chicago Press.

Schlegel, H., and Wulverhorst, A. H. V., 1844‑53, *Traite de Fauconnerie*, Leiden: Arnz.

Schuett, G. W., and Grober, M. S., 2000, 'Post–fight levels of plasma lactate and corticisterone in male copperheads *Agkistrodon contortrix* (Serpentes, Viperidae): differences between winners and losers', *Physiology & Behavior*, 71, 335‑41.

Schwartzkopff, J., 1949, 'Über den Sitz und Leistung von Gehör und Vibrationssinn bei Vögeln', *Zeitschrift fur vergleichende Physiologie*, 31, 527‑608.

Senevirante, S. S., and Jones, I. L., 2008, 'Mechanosensory function for facial ornamentation in the whiskered auklet, a crevice–dwelling seabird', *Behavioural Ecology*, 19, 184‑790.

— 2010, 'Origin and maintenance of mechanosensory feather ornaments', *Animal Behaviour*, 79, 637‑44.

Sibley, D., 2000, *The Sibley Guide to Birds*, New York, NY: Alfred A. Knopf.

Simmons, R. L., Barnard, P., and Jamieson, I. G., 1998, 'What precipitates influxes of wetland birds to ephemeral pans in arid landscapes? Observations from Namibia', *Ostrich* 70, 145‑8.

Singer, P., 1975, *Animal Liberation*, New York, NY: Avon Books.

Skutch, A. F., 1935, 'Helpers at the nest', *The Auk*, 52, 257‑73.

— 1996, *The Minds of Birds*, College Station, TX: Texas A&M Press.

Slabbekoorn, H., and Peet, M., 2003, 'Birds sing at a higher pitch in urban noise', *Nature* 424, 267.

Slonaker, J. R., 1897, *A Comparative Study of the Area of Acute Vision in Vertebrates*, Cambridge, MA.: Harvard University Press.

Snyder, A. W., and Miller, W. H., 1978, 'Telephoto lens system of falconiform eyes', *Nature*, 275, 127‑9.

参考文献

Stager, K. E., 1964, 'The role of olfaction in food location by the turkey vulture (*Cathartes aura*)', *Los Angeles County Museum Contributions in Science*, 81, 547‐9.

— 1967, 'Avian olfaction', *American Zoologist*, 7, 415‐20.

Steiger, S. S., Fidler, A. E., Valcu, M., and Kempenaers, B., 2008, 'Avian olfactory receptor gene repertoires: evidence for a well‐developed sense of smell in birds?' *Proc. R. Soc. Lond. B*, 275, 2309‐17.

Stetson, C., Fiesta, M. P., and Eagleman, D. M., 2007, 'Does time really slow down during a frightening event?', *PLoS ONE*, 2, e1295.

Stowe, M., Bugnyar, T., Schloegl, C., Heinrich, B., Kotrschal, K., and Mostl, E., 2008, 'Corticosterone excretion patterns and affiliative behavior over development in ravens (*Corvus corax*)', *Hormones and Behaviour*, 53, 208‐16.

Sushkin, P. P., 1927, 'On the anatomy and classification of the weaver birds', *Bulletin of the American Museum of Natural History*, 57, 1‐32.

Swaddle, J. P., Ruff, D. A., Page, L. C., Frame, A. M., and Long, V. C., 2008, 'Test of receiver perceptual performance: European starlings' ability to detect asymmetry in a naturalistic trait', *Animal Behaviour*, 76, 487‐95.

Taverner, P. A., 1942, 'The sense of smell in birds', *The Auk*, 59, 462‐3.

Thomson, A. L., 1936, *Bird Migration: A Short Account*, London: H. F. & G. Witherby.

— 1964, *A New Dictionary of Birds*, London and Edinburgh: Thomas Nelson & Sons.

Thorpe, W. H., 1961. *Bird-Song*, Cambridge: Cambridge University Press.

Tinbergen, N., 1951, *The Study of Instinct*, Oxford: Clarendon Press.

— 1963, 'On aims and methods of ethology', *Zeitschrift für Tierpsychologie*, 20, 410‐33.

Tomalin, C., 2008, *Thomas Hardy. The Time-Torn Man*, London: Penguin Books.

Tryon, C. A., 1943, 'The great grey owl as a predator on pocket gophers', *The Wilson Bulletin*, 55, 130‐31.

Tucker, V. A., 2000, 'The deep fovea, sideways vision and spiral flight paths in raptors', *Journal of Experimental Biology*, 203, 3745‐54.

Tucker, V. A., Tucker, A. E., Akers, K., and Enderson, J. H., 2000, 'Curved flight paths and sideways vision in peregrine falcons (*Falco peregrinus*)', *Journal of Experimental Biology*, 203, 3755‐63.

Turner, C. H., 1891, 'Morphology of the avian brains. I ‐ Taxonomic value of the avian brain and the histology of the cerebrum', *The Journal of Comparative Neurology*, 1, 39‐92.

Vallet, E. M., Kreutzer, M. L., Beme, I., and Kiosseva, L., 1997, '"Sexy" syllables in male canary songs: honest signals of motor constraints on male vocal production?' *Advances in Ethology*, 32, 132.

Van Buskirk, R. W., and Nevitt, G. A., 2007, 'Evolutionary arguments for olfactory behavior in modern birds', *ChemoSense*, 10, 1‐6.

Van Heezik, Y. M., Gerritsen, A. F. C., and Swennen, C., 1983, 'The influence of chemoreception on the foraging behaviour of two species of sandpiper, *Calidris alba* (Pallas) and *Calidris alpina* (L.), *Netherlands Journal of Sea Research*, 17, 47‐56.

Verner, J., and Willson, M. F., 1966, 'The influence of habitats on mating systems of North American passerine birds in the nesting cycle', *Ecology*, 47, 143‐7.

Viguier, C., 1882, 'Le sens d l'orientation et ses organes chez les animaux et chez l'homme', *Revue philosophique de la France et de l'etranger*, 14, 1‐36.

鸟的感官

Villard, P., and Cuisin, J., 2004, 'How do woodpeckers extract grubs with their tongues? A study of the Guadeloupe woodpecker (*Melanerpes herminieri*) in the French Indies', *The Auk*, 121, 509‑14.

Voss, H. U., Tabelow, K., Polzehl, J., Tchernichovski, O., Maul, K. K., Saldago–Commissariat, D., Ballon, D., and Helekar, S. A., 2007, 'Functional MRI of the zebra finch brain during song stimulation suggests a lateralized response topography', *PNAS*, 104, 10667‑72.

Walls, G. L., 1942, *The Vertebrate Eye and its Adaptive Radiation*, Bloomingfield Hills, MI: Cranbrook Institute of Science.

Walsh, S. A., Barrett, P. M., Milner, A. C., Manley, G., and Witmer, L. M., 2009, 'Inner ear anatomy is a proxy for deducing auditory capability and behaviour in reptiles and birds', *Proc. R. Soc. Lond. B*, 276, 1355‑60.

Watson, J. B., 1908, 'The behaviour of noddy and sooty terns', *Papers from the Tortugas Laboratory of the Carnegie Institution of Washington*, 2, 187‑255.

Watson, J. B., and Lashley, K. S., 1915, 'A historical and experimental study of homing', *Papers from the Department of Marine Biology of the Carnegie Institute of Washington*, 7, 9‑60.

Weir, A. A. S., Kenward, B., Chappell, J., and Kacelnick, A., 2004, 'Lateralization of tool use in New Caledonian crows (*Corvus moneduloides*)', *Proc. R. Soc. Lond. B*, 271, S344‑S346.

Wenzel, B. M., 1965, 'Olfactory perception in birds', in *Proceedings of the Second International Symposium on Olfaction and Taste*, Wenner–Gren Foundation, New York, NY: Pergamon Press.

— 1968, 'The olfactory prowess of the kiwi', *Nature*, 220, 1133‑4.

— 1971, 'Olfactory sense in the kiwi and other birds', *Annals of the New York Academy of Sciences*, 188, 183‑93

— 2007, 'Avian olfaction: then and now', *Journal of Ornithology*, 148 (Suppl. 2), S191‑S194.

Wheldon, P. J., and Rappole, J. H., 1997, 'A survey of birds odorous or unpalatable to humans: possible indications of chemical defense', *Journal of Chemical Ecology*, 23, 2609‑33.

White, G., 1789, *The Natural History of Selborne*.

Whitfield, D. P., 1987, 'The social significance of plumage variability in wintering turnstones *Arenaria interpres*', *Animal Behaviour*, 36, 408‑15.

Whitteridge, G., 1981, *Disputations Touching the Generation of Animals*, Oxford: Blackwell.

Wiklund, C., and Järvi, T., 1982, 'Survival of distasteful insects after being attacked by naive birds: a reappraisal of the theory of aposematic coloration evolving through individual selection', *Evolution*, 36, 998‑1002.

Wild, J. M., 1990, 'Peripheral and central terminations of hypoglossal afferents innervating lingual tactile mechanoreceptor complexes in fringillidae', *The Journal of Comparative Neurology*, 298, 157‑71.

Wilkinson, R., and Birkhead, T. R., 1995, 'Copulation behaviour in the vasa parrots *Coracopsis vasa and C. nigra* ', *The Ibis*, 137, 117‑19.

Wilson, A., and Ord, G., 1804‑14, *American Ornithology*, Philadelphia, PA: Porter & Coates.

Wiltschko, R., and Wiltschko, W., 2003, 'Avian navigation: from historical to modern concepts', *Animal Behaviour*, 65, 257‑72.

Wiltschko, W., and Wiltschko, R., 1991, 'Orientation in birds' magnetic orientation and celestial cues in migratory orientation', in *Orientation in Birds* (ed. Berthold, P.), pp. 16‑37. Basel: Birkhauser Verlag.

— 2005, 'Magnetic orientation and magnetoreception in birds and other animals', *Journal of Comparative Physiology A*, 191, 675‑93.

Winterbottom, M., Burke, T., and Birkhead, T. R., 2001, 'The phalloid organ, orgasm and sperm competition in a polygynandrous bird: the red‑billed buffalo weaver (*Bubalornis niger*)', *Behavioural Ecology and Sociobiology*, 50, 474‑82.

Wisby, W. J., and Hasler, A. D., 1954, 'Effect of occlusion on migrating silver salmon (*Oncorhynchus kisutch*)', *Journal of the Fisheries Research Board*, 11, 472‑8.

Witt, M., Reutter, K., and Miller, I. J. M., 1994, 'Morphology of the peripheral taste system', in *Handbook of Olfaction and Gustation* (ed. Doty, R. L.), pp. 651‑78, London: CRC.

Wood, C. A., 1917, *The Fundus Oculi of Birds Especially as Viewed by the Ophthalmoscope*, Chicago, IL: The Lakeside Press.

— 1931, *An Introduction to the Literature of Vertebrate Zoology*, London: Oxford University Press.

Wood, C. A., and Fyfe, F. M., 1943, *The Art of Falconry*, Stanford, CA: Stanford University Press.

Woodson, W. D., 1961, 'Upside down world', *Popular Mechanics*, January 1961, 114‑15.

Young, L. J., and Wang, Z., 2004, 'The neurobiology of pair bonding', *Nature Neuroscience*, 7, 1048‑54.

Zeki, S., 2007, 'The neurobiology of love', *FEBS Letters*, 281, 2575‑9.

鸟的感官

索 引

鸟的感官

鸟的感官

鸟的感官

魔豆——大豆在美国的崛起
马修·罗思 著　刘夙 译

荒野之声——地球音乐的繁盛与寂灭
戴维·乔治·哈斯凯尔 著　熊姣 译

昔日的世界——地质学家眼中的美洲大陆
约翰·麦克菲 著　王清晨 译

寂静的石头——喜马拉雅科考随笔
乔治·夏勒 著　姚雪霏　陈翀 译

血缘——尼安德特人的生死、爱恨与艺术
丽贝卡·莱格·赛克斯 著　李小涛 译

图书在版编目(CIP)数据

鸟的感官/(英)蒂姆·伯克黑德著;沈成译.—北京:
商务印书馆,2017(2023.6重印)
(自然文库)
ISBN 978-7-100-12373-0

Ⅰ.①鸟⋯　Ⅱ.①蒂⋯②沈⋯　Ⅲ.①鸟类—普及
读物　Ⅳ.①Q959.7-49

中国版本图书馆 CIP 数据核字(2016)第 160133 号

自然文库
鸟 的 感 官

〔英〕蒂姆·伯克黑德　著

沈 成 译

商 务 印 书 馆 出 版
(北京王府井大街 36 号　邮政编码 100710)
商 务 印 书 馆 发 行
北 京 冠 中 印 刷 厂 印 刷
ISBN 978-7-100-12373-0

2017 年 1 月第 1 版　　　开本 710×1000　1/16
2023 年 6 月北京第 4 次印刷　印张 17
定价:76.00 元